新型职业农民培育教材

家庭农场经营与管理

吴忠福 主编

中国农业科学技术出版社

图书在版编目（CIP）数据

家庭农场经营与管理/吴忠福主编．—北京：中国农业科学技术出版社，2015.6（2024.7重印）

ISBN 978-7-5116-2033-0

Ⅰ.①家… Ⅱ.①吴… Ⅲ.①家庭农场-农场管理-中国 Ⅳ.①F324.1

中国版本图书馆 CIP 数据核字（2015）第 065511 号

责任编辑 王更新
责任校对 贾海霞

出 版 者	中国农业科学技术出版社
	北京市中关村南大街 12 号　邮编：100081
电　　话	（010）82106639（编辑室）　（010）82109702（发行部）
	（010）82109703（读者服务部）
传　　真	（010）82106639
网　　址	http://www.castp.cn
经 销 者	各地新华书店
印 刷 者	北京建宏印刷有限公司
开　　本	850mm×1 168mm　1/32
印　　张	6.5
字　　数	157 千字
版　　次	2015 年 6 月第 1 版　2024 年 7 月第 5 次印刷
定　　价	25.00 元

◆ 版权所有·翻印必究 ◆

前　言

家庭农场，一个起源于欧美的舶来名词，在中国，它类似于种养大户的升级版。2013年"家庭农场"的概念首次在中央一号文件中出现。

2013年中央一号文件提出，坚持依法自愿有偿的原则，引导农村土地承包经营权有序流转，鼓励和支持承包土地向专业大户、家庭农场、农民合作社流转，发展多种形式的适度规模经营。

本书系统阐述了家庭农场的发展状况、家庭农场的扶持政策、家庭农场的认证与创办、家庭农场的项目建设、家庭农场的生产管理以及家庭农场的经营管理等内容。

在编写过程中，力求做到理论联系实际，既有理论指导，同时又注重可读性与可操作性，旨在为农业经营者提供有益的指导。本书可以作为新型职业农民的培训读本，也可以供有关教学人员和实际工作者参考。

由于编者水平有限，书中缺点、错误在所难免，敬请读者批评指正。

编　者

目　　录

第一章　家庭农场的概述 … (1)
第一节　家庭农场的特点 … (1)
一、家庭农场的含义 … (1)
二、家庭农场的产生与发展 … (2)
三、家庭农场经营的特点 … (5)
第二节　家庭农场经营的类型 … (8)
一、家庭农场经营的类型 … (8)
二、家庭农场经营的近期发展趋势 … (14)
第三节　家庭农场的领头人 … (16)
思考题 … (20)

第二章　家庭农场的扶持政策 … (24)
第一节　农业补贴政策 … (25)
一、粮食直补政策 … (25)
二、农作物良种补贴 … (26)
三、大型农机具购置补贴 … (26)
四、农资综合直补 … (27)
第二节　政策性农业保险政策 … (27)
一、中央和地方各级财政给予保费补贴的品种 … (28)
二、具体保险责任 … (28)

三、保险索赔规定 …………………………………… (29)
　第三节　农业税收优惠政策 ………………………………… (30)
　　一、废止农业税收政策 ………………………………… (30)
　　二、农业服务收入免税范围 …………………………… (30)
　　三、经营项目免税范围 ………………………………… (31)
　第四节　家庭农场的人力扶持政策 ………………………… (31)
　　一、发展新型职业农民 ………………………………… (31)
　　二、教育和培训现有大户的户主 ……………………… (34)
　　三、鼓励家庭农场的联合与合作政策 ………………… (38)
　第五节　家庭农场的技术扶持政策 ………………………… (40)
　第六节　家庭农场的金融扶持政策 ………………………… (42)
　　一、拓宽抵押物范围 …………………………………… (42)
　　二、金融支持措施 ……………………………………… (44)
　思考题 …………………………………………………………… (48)

第三章　家庭农场的认定与创办 ……………………………… (49)
　第一节　家庭农场的认定 …………………………………… (49)
　　一、家庭农场认定的概述 ……………………………… (49)
　　二、家庭农场的认定 …………………………………… (50)
　第二节　家庭农场的创办条件 ……………………………… (53)
　　一、创办家庭农场的好处 ……………………………… (53)
　　二、家庭农场创办的前提条件 ………………………… (56)
　第三节　建立家庭农场的程序 ……………………………… (60)
　　一、家庭农场的认定与登记 …………………………… (60)
　　二、家庭农场的注册 …………………………………… (63)
　　三、注册登记 …………………………………………… (66)
　思考题 …………………………………………………………… (67)

第四章 家庭农场的项目建设 (68)

第一节 家庭农场的项目概述 (68)
一、项目分类 (68)
二、项目选择 (69)

第二节 家庭农场项目的申报与管理 (73)
一、家庭农场项目的申报 (73)
二、项目管理的内容和方法 (78)

第三节 家庭农场农产品加工项目建设 (80)
一、优势农产品加工业发展规划 (80)
二、优势农产品加工业的主要领域 (82)
三、家庭农场农产品加工项目建设要点 (82)

第四节 投资估算 (83)
一、投资估算依据 (83)
二、项目建设投资估算 (84)
三、流动资金详细估算法 (86)

第五节 财务评价 (88)
一、评价依据 (88)
二、基本数据计算与表格 (88)

思考题 (95)

第五章 家庭农场的生产管理 (96)

第一节 家庭农场经营企业化 (96)
一、家庭农场经营企业化的含义 (96)
二、家庭农场经营企业化的条件 (97)
三、家庭农场经营企业化管理的内容 (99)

第二节 家庭农场的种植业生产管理 (105)
一、种植业生产结构优化 (105)

二、种植业生产计划 …………………………………… (111)
　　三、种植业生产过程组织 ………………………………… (116)
 第三节　家庭农场的养殖业生产管理 ………………………… (119)
　　一、养殖业生产管理的特点 ……………………………… (119)
　　二、养殖业生产计划 ……………………………………… (124)
　　三、专业化养殖场生产管理 ……………………………… (128)
 第四节　家庭农场的农产品加工业生产管理 ………………… (134)
　　一、农产品加工业生产过程管理 ………………………… (135)
　　二、农产品加工业生产质量管理 ………………………… (141)
 思考题 …………………………………………………………… (147)

第六章　家庭农场的经营管理 ……………………………… (150)
 第一节　家庭农场的劳动合同管理 …………………………… (150)
　　一、家庭农场的劳动关系管理 …………………………… (150)
　　二、家庭农场涉及的合同法 ……………………………… (154)
 第二节　家庭农场的融资管理 ………………………………… (155)
　　一、家庭农场融资优势 …………………………………… (155)
　　二、家庭农场融资方式 …………………………………… (156)
　　三、家庭农场融资方式 …………………………………… (158)
 第三节　家庭农场的风险控制 ………………………………… (159)
　　一、自然风险 ……………………………………………… (159)
　　二、动植物疫病风险 ……………………………………… (160)
　　三、市场风险 ……………………………………………… (160)
　　四、制度风险 ……………………………………………… (161)
　　五、社会风险 ……………………………………………… (161)
 第四节　家庭农场的制度管理 ………………………………… (162)
　　一、内部规章制度的制定 ………………………………… (162)

二、家庭农场的发展规划 …………………………（163）
第五节　家庭农场的财务管理 ……………………………（168）
　一、家庭农场的账务处理 …………………………（168）
　二、家庭农场的税务 ………………………………（173）
　三、家庭农场的利润分配和扩大再生产 …………（176）
第六节　家庭农场产品的分级、包装和发货 ……………（177）
　一、分级和包装 ……………………………………（177）
　二、发货 ……………………………………………（177）
　三、配送 ……………………………………………（178）
　四、交付 ……………………………………………（179）
第七节　家庭农场的认证管理 ……………………………（180）
　一、农产品地理标志 ………………………………（181）
　二、无公害农产品认证 ……………………………（182）
　三、绿色农产品认证 ………………………………（185）
　四、有机食品认证 …………………………………（188）
思考题 ………………………………………………………（193）

主要参考文献 …………………………………………………（194）

第一章 家庭农场的概述

虽然对于家庭农场的生产活动是否属于经营活动有不同的认识,但是,无论是在农业高度发达,还是在农业相对落后的地区,家庭农场在农业现代化进程中一直扮演着重要的角色。家庭农场经营是农业经营的重要形式之一。

第一节 家庭农场的特点

一、家庭农场的含义

家庭,是整个社会组织的基础细胞,是指以婚姻和血缘关系为基础的一种社会生活组织形式。家庭经营,是指以家庭为生产或经销活动单位,具有独立的或相对独立的经营自主权的生产经营单位。

农户,是指在农村从事农业和非农业生产(或经销)活动的农业户口家庭。我国现阶段的家庭农场经营,是指农户以家庭成员劳力为主,利用家庭自有生产工具、设备和资金,在占有宅基地、承包、租用或其他形式占有的土地上,独立自主地按照社会市场的需求,进行生产经营的组织单元。

在市场经济条件下,家庭农场经营不再是过去的自给自足的小生产方式,而是逐步形成的以家庭农场为主体,以社会化服务为条件的、进行社会化生产的开放式经营。家庭农场经营是合作经济的一个经营层次，属于新型的家庭经济，而不是个体经济。它有利于发挥农民的生产积极性，充分利用家庭劳力资源和传统的工艺技术；有利于发展工艺美术雕刻、编织业，发展农副产品加工业，以及菌类、蔬菜和特种养殖、种植业等，为市场提供多品种、多花色、高质量产品，满足市场的多样需求；有利于促进社会安定团结，发展农村经济，增加农民收入，改善农民就业环境，协调人与人之间的社会经济关系。

二、家庭农场的产生与发展

家庭生产是随着人类社会的进化，特别是一夫一妻制个体家庭的形成以及私有制的产生而产生的。我国奴隶社会末期，就存在大量的个体家庭，并构成井田制的个体农户。《孟子·滕文公上》记载了这种情况："方里而井，井九百亩，其中为公田，八家皆私百亩，同养公田，公事毕，然后敢治私事，所以别野人也。"同时，孟子在会见梁惠王时，根据人地资源和生产力水平，提出为民置"恒户"理论和置"恒产"标准："百亩之田，五亩之宅"、"八口之家，可以无饥矣"。意思是给个体农民家庭划一百亩农田，种植粮食作物；五亩宅基地，种菜、种桑养蚕和其他副业。农民有了这种固定的私有"恒产"，只要不违背农时，就可以有粮吃，有衣穿，达到温饱了。这些从某些方面描述了当时个体家庭的生产现状和要求，在我国见于文字记载，并充分反映个体家庭的经营规模及其生产情况，还以孟子的论述较为集中和完整。

这里所说的家庭农场经营，是指以家庭农场为生产单位，进行农副产品生产活动，包括生产项目的安排、生产作业活动的组织和产品的收获及处置等。

我国的家庭农场经营，大体经历了以下几个阶段。

(一)"个体农户"时期的家庭经营

从春秋战国到20世纪50年代合作化前的两千多年间,是以土地私有制、家庭农场为生产单位的个体家庭农场经营阶段。新中国成立前,在封建土地私有制条件下,除少数地主、富农外,绝大多数是个体农民家庭经济形态,即小农经济,有自耕农(中农和部分富农),有佃农(贫雇农)。他们遭受封建土地所有制的剥削,尤其是那些没有任何生产资料的、只得靠耕种地主的土地的贫雇农,在政治上、经济上同剥削阶级(地主)是一种附属关系。但这种以家庭为生产单位的经营方式长期却没有多大变化。有的有自己的私有土地和房屋及生产工具设备;有的是租赁地主、富农土地,另外自己还有部分私有土地、房屋和生产工具设备;有的则全部租赁地主、富农土地。土地多、生产项目多的农户,主要从事自给自足为主的农副产品生产;土地少、生产项目少的农户,在从事农副产品生产外,同时还要对外从事劳务服务,做短期雇工,以出卖劳动力来维持家庭的贫困生活;少数头脑灵活的少地、失地农民,在某些特殊的需要条件下,形成专业户或兼业手工业户。

在半封建半殖民地时期,城市资本主义工商业发展较快,大城市郊区也出现少数资本主义农场。在农村,除部分专营商业、手工业户外,绝大多数仍是个体家庭农场经营。但随着市场经济的发展,从事农业生产并兼营工商业的农民家庭增多,即形成了许多兼业农户。其中,少数以工商业为主,兼营农业;大多数还是以农业为主,兼营工商业或服务业。

20世纪50年代初土地改革到农业合作化前,由于消灭了封建剥削制度,解放了生产力,农民从地主、富农手中分得了田地,因而极大地调动了农民的生产积极性。这时农民家庭所拥有土地数量比较平均,再加之国家的政策鼓励和经济扶助,农民的投入增加,农业生产、农村经济恢复和发展很快,从而使农民家庭的经营实力进一步增强,形成了当时农村经济生气勃勃的发展局面。

(二)"集体经济"时期的家庭农场经营

农业合作化以后,随着农业生产力的发展,特别是对农田水利等农业基础设施的需求增加和适度集中土地经营的要求,出现了农业互助合作组织,如以土地入股形式的合作社等经营形式。但由于当时极"左"路线的影响,在短短几年之内,就实现了高度集中的高级农业合作社,并快速过渡到"一大二公"的高度集权的人民公社。在这种高度集中、规模过大的集体经济中,农户除从事一些明文规定的少量"自留地"、"自留山"和家庭副业生产外,基本上没有、也不允许有从事商品性生产的家庭经营。显然,这种"集体经济"超前的生产关系不适应当时的生产力水平,违反了经济规律,挫伤了农民的生产积极性,因而阻碍了农村生产力的发展。

(三)"双层经营"时期的家庭农场经营

党的十一届三中全会后,农村广泛地进行经济体制改革,成功地实行了村级"统一经营"和农民家庭"分散经营"相结合的双层经营体制。作为双层经营的一个层次,农民家庭一方面对集体所有的土地实行联产承包经营;另一方面还可以自主开发庭院空间和其他闲散荒地等资源,进行独立的家庭经营活动,形成一种兼业或多业的家庭经营模式。村级"统一经营"层次克服了家庭经营的局限性,充分发挥了集体经济的优越性,一是为家庭农场经营提供产前、产中、产后的服务;二是创建村办企业,经营非农产业,促进土地向种田能手集中,以扩大家庭经营规模，增加农民收入；三是大力发展集体经济，以减少承包户的经济负担，增加建农资金。这样，村级"统一"经营就为家庭农场经营提供了良好的环境。这一时期的家庭农场经营形式有：多数承包和自营相结合的家庭兼业经营、少数专业农业承包经营、专业养畜业和非农产业自有自营，还有一些私营企业性质的雇工经营。

(四)"新农村建设"时期的家庭农场经营

随着我国工业化、城镇化的推进，双层经营时期农户经营规模小、组织化和社会化程度低等弊端逐渐显现。为推进农村制度改革，包括土地承包经营权改革与新型经营主体改革，促进农业现代化，2014年国务院《政府工作报告》明确指出，坚持家庭经营基础性地位，培育专业大户、家庭农场、农民合作社、农业企业等新型农业经营主体，发展多种形式适度规模经营。

三、家庭农场经营的特点

现行的家庭农场经营，有以下特点。

(一) 分散性与统一性

家庭农场经营，一方面，作为承包经营户，是社区合作经济组织的成员，依据承包合同，接受社区的统一规划指导、统一机械作业和各种信息服务，从事生产经营活动，完成包干任务，具有统一性特点。另一方面，承包制家庭经营是合作经济的一个经营层次，属于新型的家庭经济，无论与过去的集体经济相比，还是与规模较大的国有农场经营相比，它是一个相对独立的生产经营单位，实行自主经营、包干分配，具有分散性特点。

各地因经济发展水平和管理方式不同，其统一的项目、手段与范围等也有所不同。随着农村社会生产力的发展，农户自主决策的分散经营与以合作、联合为特色的统一经营的联系将日益紧密。

（二）自给性与商品性

由于各地农业生产力水平和市场环境不同，农户自给性生产和商品性生产的程度及其比例关系不尽相同。在交通不发达的边远地区，市场范围小，产品运销不便，常形成自给性生产为主与商品性生产为辅的结合经营形态；在交通方便的城市近郊、工矿地区，市场区位优势突出，多发展适应市场需求的商品性生产，形成商品性生产为主和自给性生产为辅的结合经营形态。

随着市场经济体系的不断完善，农村工业化和农业现代化进程的加快，极大地促进农业土地使用权的合理流转，家庭农场经营也将逐步分离出以农业专业化经营和农村非农产业经营为主的农户，商品性生产经营正逐步成为农民家庭的主要经营方式。

（三）专业经营与兼业经营

农民家庭专业经营，是指农户从事某一项生产或劳务的经营。兼业经营，是指以户为单位实行主业与副业相结合的经营，即依据劳动者的专长和有利的自然经济条件及市场需求状况，选择某项生产为主业，同时又利用剩余劳动时间和其他生产资源从事某些副业。目前，家庭农场经营除经营农业外，还可从事工、商、运、建、服务业中的一些项目，不放弃承包的土地，既从事农业同时又兼营其他，这样一来，既可以分散经营风险，又可获得更多的经济收益。农村商品经济的不断发展，不仅能促进农民家庭的生产专业化，农户成为专业户，而且将逐步在市场需求引导下，把多余的家庭资源投入到最有利的生产项目，集中发展优势产品，提高劳动生产率和商品率。

（四）灵活性与计划性

与计划经济时期的集体经济相比较，市场经济条件下的农民家庭，拥有更多的经营自主权，其人员少、规模小、管理层次少，可以根据市场需求变化、及时调整生产方向，做出相应决策，其经营具有较强的灵活性。同时，一般农户虽然没有正规的书面计划，但大多都能按照自身消费（包括生产消费和生活消费）需要，做出灵活的计划安排。随着家庭农场经营规模的扩大和农民文化水平的提高，农户经营计划内容将不断丰富，作用也日益突出。

（五）小规模与大群体

目前，除专业大户雇工经营外，一般家庭农场经营是地少、人少、资金设备少、产量产值小的小规模经营。农民家庭小规模经营的特点，既显示了生产劳动与经济成果直接挂钩的激励关系，有利于调动广大农民的生产积极性，又适应了农户现有文化技术与管理水平，有利于加强生产管理，充分挖掘劳力、土地（包括庭院空间）和资金设备潜力，提高经营效益。但是在日益激烈的市场竞争中，小规模经营的局限性也逐步显露出来，如不便于实行机械化耕作，不便于先进技术的推广应用，不便于形成批量规模生产，等等。

在家庭农场经营中，出现了农户之间的相互联合，共同从事某项生产经营，如具有群体性生产特点的粮食生产、棉花生产、果品生产、蔬菜生产，以及养殖业、工副业生产经营等，均显示出一定的优越性。所以，农民家庭的小规模经营与群体性经营相结合将是今后家庭农场经营发展的一大趋势。

第二节 家庭农场经营的类型

一、家庭农场经营的类型

家庭农场经营有多种分类方法。按家庭经营的组织形式划分，有承包经营、庭院开发经营、独立企业性经营和联合经营；按家庭经营的生产内容划分，有种植业经营、养殖业经营、工副业经营和商业服务业经营；按家庭经营的专业化程度划分，有专业经营、兼业经营和综合经营；按家庭经营的技术特点划分，有传统家庭农场经营、立体经营和生态经营等。以下介绍几种主要分类经营形式。

（一）按其在双层经营中的关系划分

1. 承包经营型

承包制家庭经营是在坚持土地等主生产资料公有制的基础上，在合作经济组织的统一管理下，将集体的土地发包给农户耕种，实行自主经营、包干分配。它是统分结合的双层经营体系中一个经营层次，属于新型的家庭经济，而不是个体经济。承包制家庭经营的权、责、利是借助于承包合同来规定，其权力是在完成包干任务的前提下，获得土地的使用权，实行自主经营，有权支配自己占有的劳动力和生产资料，组织生产经营过程，任何单位和领导都不能无偿地平调承包户的劳力、资金和产品。承包户应得的物质利益，是完成合同任务后的全部合法所得。

2. 自有经营型

自有经营是农户利用为集体所有、农户永久占用的住宅庭院，包括房前屋后及划归农户开发利用的街道路边和隙地，利用自有资产（财产）而独立进行的家庭开发经营。它与集体经济组织没有经济承包关系，不受集体组织的直接指挥控制，而以市场需求为导向，自行独立地进行生产经营活动。它是一种独立性较强的家庭自营经济。它可以与集体经济服务组织及其他农村经济组织发生业务往来关系，但这些往来关系均是一种独立经济单位之间的经济关系，而不是行政隶属关系。

家庭自营型经济是以提供市场商品为目标，进行较大规模或较多商品生产的开发性经济。它包括农民家庭庭院经营和农民家庭企业经营两种形式。家庭庭院经营是利用家庭有利条件，如利用自家的劳力、技术、资金、设备等进行商品生产的市场经营。家庭企业经营是农户庭院开发经营扩大后，退包或转包农田，在集体经济组织统一规划下，拨给场地，建立专业养殖场（如养鸡场、养猪场）、专业加工厂（如豆制厂、服装厂）等实行企业化经营。这种家庭专业化的独立企业经营，已经不是典型的家庭农场经营。

3. 承包经营与自有经营相结合型

随着农村经济体制改革的深入、市场经济发展与家庭农场经营自主权的扩大，虽然自有经营型比重加大，但多数农户是承包经营与自有经营相结合型，只有少数是自有经营型。

（二）按从事农业生产劳动专业化程度划分

一般分为专业农户经营和兼业农户经营。兼业农户经营，按照家庭主要男劳力从事农业生产的天数不同，又分为一兼农户经营和二兼农户经营。

1. 专业农户经营

专业农户经营又称专业化经营,是指主要由农民家庭中的整男劳力从事的农业(包括农、林、牧业)生产经营,其家庭收入主要来源于农副产品的生产销售收入。这种专业经营户是农业剩余劳动力大量转移到第二、第三产业的农村工业化过程中形成的纯农业生产农户。这类纯农业户可以充分利用劳力资源、劳动时间,以及集体经济组织提供的各种服务。它一方面扩大了生产规模,进行适度规模经营,另一方面采用现代化的生产工具设备,发展相应的生产项目。所以,它被称为农业现代化的专业农户,即家庭农场。

2. 兼业农户经营

(1) 一兼农户经营。一兼农户经营是指在家庭经营中以经营农业为主,又兼营非农产业。这类兼业户,其家庭中必须有一个整劳力从事农业生产,且在一年内从事农业劳动的时间在 150 天以上。这种一兼农户经营的特点是,农业是家庭经营的主业,占主要的地位,或至少是主业经营项目之一。

(2) 二兼农户经营。二兼农户经营是指在家庭经营中以经营非农产业为主,以兼营农业为辅。这类兼业户,家庭成员中的主要劳力一年内从事农业生产活动的时间在 150 天以下。这种二兼农户经营的特点是,非农产业是家庭经营的主业,农业则处于副业的兼业地位。从发展趋势看,这部分农户将逐步脱离农业,完全转向非农经营,把土地通过转包或其他流转形式集中到农业专业户。这样既可以减少农业资源的浪费,又有利于促进农业专业户的规模经营。

(三) 按家庭经营的组织化程度划分

1. 单个经营型

单个经营是指分散经营。我国家庭农场经营的基本特点是小规模分散经营。

2. 联合经营型

联合经营一般有四种形式：一是农户之间的相互联合，即由农户共同集资投劳，形成新的联合体，从事某种专业化的生产经营，且大多是经营非农产业。其特点是规模小、经营灵活、适应性强；二是农户与村级社区合作组织联合，即由集体提供资源、设备和场地，由若干农户自愿组合的经济联合体，承包经营。其收入在上交承包利润和提留公共积累后，大部分按劳分配，一部分按股金分配；三是专业生产者协会，这是一种松散的合作组织，未形成经济实体，入会成员自主经营，只在生产经营过程的某些环节上进行合作，以便实行自我服务；四是农户参与农业产业化经营。

(四) 按家庭经营的商品化程度划分

1. 自给型农户经营

自给型农户经营是一种自给自足的经营方式，生产目的不是为了交换，而是直接获取使用价值，以满足家庭成员基本生活消费的需要。其特点如下。

(1) 以自身的消费定产。在自家既定的资源条件下，按照家庭成员生活消费的需求，决定生产什么，生产多少；在自家生产能力所及的范围内，吃啥种啥，不需要也不可能有科学的预测，只凭借自己的经验和既有的"套路"安排生产。

(2) "小而全"式的农业经营。在较低农业生产水平下，自给型农户经营游离于社会分工之外，自成体系，构成封闭式的投入产出系统，进行再生产过程的内部循环。自给自足的小农通过自家生产来满足对多样化生活消费品的需求，必然导致"小而全"的农业经营方式。因而，"家庭是自给自足的……这差不多是十足的自然经济，货币几乎根本不需要"①。

（3）回避风险的简单管理。自给型经营的农户，一般比较保守，不愿也无力承担风险。一方面，农业生产受自然环境影响较大，生产和收成的不稳定性，会给他们的生存带来威胁；另一方面，他们所掌握的农业技术比较传统，生产率低下，从而造成收入水平低下。因此，他们在生产中力图回避风险，以减少因此而造成的损失。如果他们想要引进新品种或采用新技术，把产量提高一倍，则需要更为复杂而严格的管理，否则，随之而来的将是失败或更大的损失。

2. 商品型农户经营

商品型农户经营是指为他人生产使用价值，为自己生产价值，即为交换而进行生产。其经营特点如下。

（1）以市场为导向。家庭农场经营活动是以市场需求为导向，依据产品和要素市场的供求变化及价格涨落情况，制定生产计划，安排生产项目。因而，农户必须重视市场调查和预测，并借此实行"以销定产"，使供、产、销过程在市场导向下良性循环。

（2）实行专业化经营。一般地说，以较高商品率为特征的商品型农户经营都是建立在专业化经营的基础之上。专业化经营有利于发挥劳动者的专长技能，充分利用农户的资源优势，

---

① 马克思恩格斯全集.北京：人民出版社，1990：第4卷，第289~299页.

提高劳动生产率，进而提高产出商品率以获得更多的货币收入。

（3）追求利润最大化。与自给型农户经营不同，商品型农户经营是通过市场交换出售自己的产品，并承担较大的市场风险，才能获取较多的货币收入。因此，它必须重视价值生产，降低产品成本，追求利润最大化，而不是追求产量最大化。

3. 自给型与商品型结合经营

自给型与商品型结合经营是一种半自给、半商品型的农户经营方式。它既从事自给性生产，直接为家庭成员提供生活消费资料，又从事商品性生产，用于市场交换以获取货币收入。它是介于自给型与商品型农户经营之间的过渡形态，也被称为半商品型农户经营。其经营特点如下：

（1）具有三重经营目标。一是为家庭成员生活消费提供以粮食为主的农产品，即生存目标；二是作为社区合作经济组织基础层次，必须完成国家对农产品的合同订购任务，并交足集体规定的各项提留、统筹任务，即任务目标；三是以市场为中介实现自家生产的使用价值和价值的转换，以获取更多的货币收入，即效益目标。

（2）实行兼业经营。在半商品型农户中，大多实行农业与非农业的兼业经营。有的是以经营农业为主、非农产业为辅的一类兼业户；有的是以经营非农产业为主、农业为辅的二类兼业户。经营农业（特别指粮食生产）多以自给型为主，经营非农产业则是商品型的。

（3）半开放式的投入产出系统。半开放式的投入产出系统的开放程度介于自给型与商品型之间，处于从封闭到开放的变化之中。随着农户经营商品化程度的不断提高，其经营过程与社会（市场）结合将愈加紧密，那种孤立、封闭的经营状态逐步被打破，表现为农户生产经营所需的各种生产要素逐步由以家庭自给为主转变为以市场购入为主；生产的产品由直接满足家庭生活需要为主转变为满足市场需要、换取更多的货币收入为主；生产过程的各环节也从"小而全""万事不求人"逐步转变为对社会化服务体系的依赖。

二、家庭农场经营的近期发展趋势

国内外农业发展的实践证明，家庭农场经营具有特殊的地位和作用，它是一种有效率的农业经营组织形式。但在我国现阶段，由于人多地少，第二、第三产业不发达，农户生产规模过小，土地过于分散等许多不利因素，家庭农场经营未能充分发挥潜能，还存在一些缺陷和不足。

根据我国农村工业发展和农业现代化的需要，家庭农场经营将长期存在，并发挥越来越重要的作用。在未来一段时期，家庭农场经营的发展将依赖于进一步加快农村社会化服务业，促进农村土地转移市场的形成与规范，大力发展农村生产专业化和适度规模经营，逐步克服传统家庭农场经营的缺陷，更好地发挥家庭农场经营的作用，具体有以下发展趋势。

（一）多种形式的农村社会化服务

在商品经济条件下，随着第一、第二产业的发展，社会化服务业应有相应的迅速发展，这是世界各国经济发展的共同规律。我国农村社会化服务业有农业生产社会化服务业和庭院开发社会化服务业。发展的项目有产前的技术信息指导、市场经营指导服务，有农用种子、化肥、农药、饲料供应等原材料供应服务，有产中的农业机械耕作、排灌、植保、兽医防治等作业服务，有产后的产品贮藏、加工、运输、销售服务等。另外，还有联合商业服务业、市场经销服务业等。服务业的组织形式，有农户联合兴办的服务业和农民家庭办的服务业等，并将在农户服务的基础上，逐步发展成企业化服务。

(二) 农户土地的合理流转

随着农村剩余劳动力的转移，土地的规模化经营已成为必然。只有土地有效流转，土地的生产潜力得到充分发挥，才能提高资源配置效率。我国法律规定，土地在原 15 年承包期的基础上延长到 30 年，并在有条件的地区实行"增人不增地，减人不减地"，还规定土地的使用权与土地的经营权可以相互分离，等等，为土地的合理流转提供了政策依据和法律保障。

为进一步规范农村土地承包经营权流转行为，维护流转双方当事人合法权益，自 2005 年农业部公布《农村土地承包经营权流转管理办法》以后，各省政府陆续发出"做好农村土地承包经营权流转管理工作的通知"或条例。按照规定，承包方依法取得的农村土地承包经营权可以采取转包、出租、互换、转让或其他符合有关法律和国家政策规定的方式流转。尤其是在江浙等发达地区，已经探索出一些行之有效的土地流转方式，为进一步深化和完善土地的流转制度、使土地逐步向种田能手集中、逐步实现农业的规模经营奠定了一定的基础。

(三) 农业的适度规模经营

农业适度规模经营的目标是在提高（至少不降低）土地生产率的前提下，提高劳动生产率，降低农产品成本，增加利润。劳动生产率是土地规模经营的下限，土地生产率则是其上限。土地规模过小，不利于提高劳动生产率；土地规模过大，则不利于提高土地生产率。因此，发展农业适度规模经营应正确处理土地规模与集约经营之间的关系，不应降低集约经营水平去扩大土地规模。随着农村市场经济发展、家庭农场经营的经济实力和科技投入的增加，农民家庭对适度规模经营的要求就会增强，其经营规模就会逐步扩大。与此相适应，农户经营的专业化程度提高，不断涌现出专业化种植大户、养殖大户、运输大户、工副业加工大户，以及各种形式的企业化经营等。

（四）多种形式的经济联合

经济联合是社会经济由小生产转向社会化大生产的必然趋势。现阶段的家庭农场经营还是一种适应小商品、小市场经营环境的小生产经营。随着农村市场经济的繁荣，这种小生产必将不适应大市场，需要通过各种形式的经济联合，形成大生产或小规模群体开发的地域性大批量生产。一是农户间的生产联合，如劳动合作社，或是土地入股的股份合作社；二是跨行业的横向经济联合，如农户与某供销社或加工厂联合而形成的联合企业；三是集体经营层次的纵向经济联合，如家庭农场经营与集体经营层次的某种生产或作业联合，形成联合企业；四是国有、集体经济层次的纵向联合，如家庭农场经营与工商企业联合，形成贸工农一体化，即"公司+农户"形式。经济联合的方式有紧密型与松散型、整体联合型与单项联合型、短期联合型与长期联合型等。

第三节　家庭农场的领头人

发展家庭农场是为了应对"谁来种地、地怎么种"的问题。一方面，大量青壮年劳动力离土进城，在一些地方出现农业兼业化、土地粗放经营甚至撂荒；另一方面，愿意种地、能种好地的专业农民，比如专业大户，在发展自身的过程中由于土地政策的限制而"吃不饱",舞台规模太小,一些农业生产设施没有办法"大展拳脚"。

当家庭农场成为涉农部门扶持的一种组织形式后,因为有相当多的政策优惠,很多主体都跃跃欲试想组建家庭农场,其中有经营农户、农业技术合作社、返乡创业的农村居民,还有不少城镇居民,更有许多拥有资本的工商企业。因此,政府需要对"谁来做家庭农场的创建者"有所规范。

我国扶持家庭农场发展主要是培育以在从事农业劳动的种植和养殖大户和立志从事农业的毕业生为来源的家庭农场。这其实是基于家庭农场这种形式可以克服农业企业大规模种地和小农户粗放经营的弊端,在它们之间走的"中间路线",既有利于实现农业集约化、规模化经营,又可以避免企业大量租地带来的种种弊端。现在国内有些地方出现了一种风潮,一些工商企业长时间、大面积租种农民承包地。这种方式既挤占农民就业空间,也容易导致土地的"非粮化""非农化"。所以国家政策不把那些圈地后再转包经营、自己根本不参加农业生产的"夹包老板"视为家庭农场经营者,也不鼓励这些"下乡老板"通过土地流转,促使"农民进城",成为失地农民。

2014年2月24日,农业部以农经发〔2014〕1号文件《关于促进家庭农场发展的指导意见》(以下简称《指导意见》)指出:"现阶段,家庭农场经营者主要是农民或其他长期从事农业生产的人员,主要依靠家庭成员而不是依靠雇工从事生产经营活动。家庭农场专门从事农业,主要进行种养业专业化生产,经营者大都接受过农业教育或技能培训,经营管理水平较高,示范带动能力较强,具有商品农产品生产能力。"

《指导意见》指出,家庭农场领建者主要是农民或其他长期从事农业生产的人员。目前,我国有2.6亿承包农户,其中大多数还在从事农业生产。在培育家庭农场时，必须首先考虑到他们的发展需要。从普遍意义上讲，尤其在中西部欠发达地区，现阶段培育家庭农场经营者应当以承包农户为主，政策扶持的重点是在承包农户中产生的规模经营农户，而不是鼓励城镇居民下乡种地。同时，家庭农场经营者也可以是其他长期从事农业生产的人员。政策考虑的基础是一些经济发达地区大多数青壮年已经进入第二、第三产业，愿意长期搞农业的人不多。因此，鼓励中高等学校特别是农业职业院校毕业生、新型农民和农村实用人才、务工经商返乡人员等兴办家庭农场将有利于解决这些地区"谁来种地"的问题。

总之，政府鼓励那些亲自劳动、直接种地的劳动者及其家庭成立家庭农场，享受相关的政策优惠。

【经典案例】

大学生和他的"家庭农场"

2014年5月5日，记者来到河北省无极县张段固乡东辛庄村，韩军亮正带领十几位村民给农田覆膜浇水，沟坎上栽种着一棵棵红薯苗。"栽苗时要注意株距和行距，浇水后先等一等，等水渗下去之后再填土掩埋根部，这样成活率高。"韩军亮叮嘱道。

韩军亮，一个从农村走出来的大学生，带着全家人的希望完成了四年的学业。然而毕业后的韩军亮做出了一个惊人的决定——重新学习做农民。如今，韩军亮种地种出了名堂，他的红薯远销北京、山东和河南等地。

韩军亮生于1985年4月，是藁城市丘头镇靳庄村人。他从小就颇具商业头脑，上高中时他一边练体育，一边贩卖运动鞋，还小赚了一笔钱。2006年，韩军亮考上了大学，他利用课余时间勤工俭学，给人家送桶装水。后来，韩军亮瞅准时机，做起了桶装水厂家代理，渐渐地，学院办公楼和宿舍楼的桶装水都由他来供应。虽然赚的都是辛苦钱，但销量很大，韩军亮慢慢地也有了点积蓄。

2010年6月底，韩军亮大学毕业了。跟同学们一样，他也想留在大城市谋求发展，还专门去北京四处求职，但屡屡碰壁。后来，韩军亮回到家乡。一次偶然的机会，韩军亮参加一个农产品博览会，他看到各种新鲜的红薯、萝卜十分受欢迎，他突发奇想："现在村里的年轻人都不愿意种地，将来我们这一代人，种地的人会越来越少，我何不承包一些土地，种植经济作物？"经过多方考察，他下定决心回家当农民种红薯。他请河北省农林科学院的专家在藁城、无极等地对土壤进行检测，结果发现无极县张段固乡的土壤最适合种红薯。2011年秋，韩军亮在无极县承包了50亩农田。

第二年春天，他专门订购了河北省农林科学院的龙薯九号苗。这种红薯生长期在80～120天，时间短、产量大，且体型瘦长，深受市场欢迎。韩军亮雇村民栽种，请农科院的专家现场指导浇水、施肥和管理。村民们一学就会，个个成了种红薯能手。到了红薯成熟的季节，韩军亮又四处跑销路，北京、郑州、济南、青岛的客户看了样品，一订货就是一大拖挂车。那年，韩军亮挣了七八万元，他第一次从土地上尝到了甜头。

2012年秋天，韩军亮承包面积扩大到90亩。这一年，他的纯利高达十几万元。2013年，"家庭农场"的概念首次提出，韩军亮意识到农业的春天来了。为此，他专门到南方考察学习，看到很多种植大户都有上万亩土地，他的胆子也更大了，步子迈得更宽了。2013年秋，韩军亮在东辛庄承包了600亩地，在老家藁城市丘头镇承包了200亩地，总计800亩，搞起了家庭农场。

附近村民见此情景，有的来和韩军亮谈合作，有的来取经，韩军亮都一一热情接待，支持鼓励他们发展种植业。最近，韩军亮注册了河北慧亮农业开发有限公司，他准备甩开膀子大干一场，带领村民共同致富。

"村里的年轻人都在外面做买卖，谁还种地？刚开始，大家都说韩军亮上学上傻了，竟然回村包地种地。没想到，人家种地也种出了名堂。"村民张国芳称赞道。

思考题

1. 家庭农场经营的主要特点有哪些？
2. 你认为农户的生产行为是否具有经营性质？为什么？
3. 请谈谈我国家庭农场经营的发展趋势。
4. 案例分析题

江苏省多种模式破解家庭农场经营难题

传统家庭承包的小农户分散经营，土地规模小、细碎化，造成农民种地效益不能有效提升，农民增收缓慢，农民生产积极性不高。如何破解家庭农场经营难题？江苏省尝试探索了多种新型经营模式。

一、江苏射阳县土地"联耕联种"模式

土地"联耕联种"模式是在持续稳定的家庭联产承包责任制基础上，采取"农户+农户+合作社"的新型家庭合作经营模式。与家庭农场和大户种植等其他规模经营形式相比，虽然都是通过合作社承担服务"外包"，但后者的收益主体主要是工商资本或个体大户，而"联耕联种"的收益主体是一家一户的农户，这就有效地防止了"老板"对"老乡"的挤出，使农户收入在现有土地流转价格的基础上还能再有所增加。该模式使一家一户的零散"小田"变成规模"大田"，不仅增加了耕地面积，还不改变土地承包使用权，没有割裂农民与土地的联系。该模式实现了土地连片耕种，使大型机械速度快、效率高的优势得到充分发挥，收种时间被大幅压缩，产量大幅增加，有利于保障国家粮食安全。同时，该模式还促进了农作物秸秆全量还田，有效地解决了秸秆禁烧（抛）难题，培肥了地力，改善了土壤性状。与规模大户相比，该模式能够实现田管措施的精细化，规模大户不会做诸如拔草、补缺等增产不增效的工作，而该模式保留了家庭经营的内核，正好解决了部分农民想做工的问题，有效解决了土地规模大而不精的弊病，保证了高产高效并重，使联耕联种田成为高产创建田。

（资料来源：新农网，http://jsagri.gov.cn/news/files/588018.asp, 2014-3-5.）

二、江苏南通"全托管"模式

2014年，南通种田面积第一人——68岁的启东锦荣农机合作社社长朱井荣的土地托管面积达到2 800亩，涉及4镇16村1 428户。老朱的地怎样"流"得动？该村的村支书说："关键是全托管口碑好。土地无论整齐还是零碎，不管肥沃还是贫瘠，他都托管下来。托管合同一签，不等收获就预发农民托管收益，不拖欠一分钱。留守人员还可入社打工，获得土地和打工两份收入。"同时，政府农机补贴力度加大，助力全托管。朱井荣说："2013年添置3台12吨烘干机，每台政府贴补12万元，自己只拿了1万多元。"市农机局局长说："政府今后还要加大补贴力度，除了对配套场地、仓库、机械传送带、电力增容等，还会进一步完善种植、农药、农资、加工、保鲜、销售一条龙服务体系。"南通农民人均拥有土地少,呈"原子化"耕作,惜地种粮情结根深蒂固,这就加大了通过土地流转实现要素优化配置的难度。将农民的土地承包经营权从承包权中剥离开来,给以朱井荣为代表的一批种粮大户"全托管",保证了农民的土地承包权益,兼顾了农民质朴的土地情结,又不影响农业规模经营,家庭联产承包"分"的优势与土地规模经营"统"的功能形成了最佳组合。

(资料来源:南通网,http://www.zgnt.net/content/2014-03/09/content_ 2290590.htm,2014-3-9.)

三、江苏丹阳土地入股家庭农场模式

2013年4月,江苏丹阳种粮大户姜爱芬尝试采用"家庭农场+粮食专业合作社+农户"的新型经营模式。该模式是一种农户自己不种地,但既能获得土地租金,又能入股分红当"股民"的现代新型农业经营模式。姜爱芬家庭农场土地承包面积约500亩(1亩≈667平方米。全书同),她先后投资购买了高速插秧机、联合收割机等配套的农机具以及两台粮食烘干设备,还成立了仟惠粮食种植专业合作社,当地有22户农户争相加入,并以土地承包经营权折价入股。首批入股的土地经营面积达70多亩。加入合作社后,由于采取"土地租金保底+盈利分红"的利益分配机制,合作社不仅每年按照合同支付农户土地流转金,而且还按照250千克/亩稻谷的国家水稻保护价(含粮食直补在内)在水稻销售结束后根据盈利状况向社员发放分红资金。该模式与农户建立了一种紧密型合作关系,过去农户将地租赁给种田大户和规模经营主体后,由于土地流转价格不能与物价上涨挂钩,导致农户的流转收益与市场收益产生差异。现在以土地折价入股的方式,流转给家庭农场经营后,能够促使农户积极主动地关注和支持家庭农场发展,并且通过吸纳当地村民代表进入合作社理事会参与管理和建章立制，能够有效带动农民增收。

（资料来源：丹阳新闻网，http：//www.dydaily.com.cn/index/tyf/2014/02/18/198117.shtml，2014-2-18.）

问题讨论

（1）试比较分析三种模式的特点。

（2）综合案例分析，应采取哪些措施破解家庭农场经营难题？

第二章 家庭农场的扶持政策

从农业部获悉,国家将加大对专业大户、家庭农场和农民合作社等新型农业经营主体的支持力度,实行新增补贴向专业大户、家庭农场和农民合作社倾斜政策。鼓励和支持承包土地向专业大户、家庭农场、农民合作社流转,发展多种形式的适度规模经营。鼓励有条件的地方建立家庭农场登记制度,明确认定标准、登记办法、扶持政策。探索开展家庭农场统计和家庭农场经营者培训工作。推动相关部门采取奖励补助等多种办法扶持家庭农场健康发展。2013年以来,国家各项政策补贴将逐渐向家庭农场倾斜。尽管国家针对家庭农场的扶持政策目前正在研究中,但一些地区已出台了具体优惠政策。

上海市松江的优惠政策:农资综合直补76元/亩;水稻种植补贴150元/亩;土地流转费补贴100元/亩,面积以80~200亩为标准;家庭农场生产管理考核补贴100元/亩,全年分两次考核,根据考核结果确定补贴标准;绿肥种植补贴200元/亩物化补贴。

吉林省延边市的优惠政策:药剂补贴22.5元/亩;水稻良种补贴常规稻16元/亩、杂交稻25元/亩;二麦种子补贴小麦35元/亩,大麦35元/亩;绿肥种子补贴(以实物形式发放)。

湖北省武汉的优惠政策:对家庭农场贷款贴息;注册登记的家庭农场可享受到各项国家农业财政补贴政策;对水田、蔬菜和经济作物种植面积50公顷以上、旱田100公顷以上的家庭农场,扩大到一次性享受5台农机购置补贴;对家庭农场农作物保险给予补贴;加大资金支持力度;实施税收优惠政策;家庭农场经营者可以使用集体土地建设生产经营用临时建筑物,可获财政补贴4万元,采用先建后补的形式发放。

山东省诸城的优惠政策:优先落实农业政策。凡被认定的家庭农场,优先安排承担各类农业项目,优先安排国家各类支农补贴,良种补贴、农机具购置和报废补贴、农资综合补贴等政策向家庭农场倾斜;鼓励发展设施农业。符合园区建设规划的家庭农场,当年新建标准冬暖式大棚(单个棚内面积2亩以上、设施投入10万元以上),每个补贴5 000元,新建拱棚(单个棚内面积1亩以上、设施投入5万元以上),每个补贴3 000元;推进土地流转。家庭农场参与现代农业园区建设,成方连片且管理规范,当年新增流转土地每亩补贴100元;鼓励品牌认证。家庭农场当年通过农产品"三品一标"认证的,每个补助1 000元;强化示范引导。市里每年评选30家示范家庭农场,每个奖励补助1万元;免交相关税费。除上级有新的明确规定外,注册登记的家庭农场不缴纳任何税费。

第一节 农业补贴政策

近年来,我国实施了"四补贴"等支农惠农政策,切实减轻了农民负担,增加了农民收入。

一、粮食直补政策

粮食直补政策是对种粮农民直接补贴,就是把原来通过流通环节的间接补贴改为对种粮农民的直接补贴,补贴资金主要通过粮食种植面积直接落实到种粮农民手中,实现对种粮农民利益的直接保护，调动农民种粮积极性，促进国家粮食安全。

二、农作物良种补贴

农作物良种补贴，是指国家通过建立良种推广示范区，对农民选用农作物良种并配套使用良法技术进行的资金补贴，目的是支持农民积极使用优良作物种子，提高良种覆盖率，增加农产品产量，改善产品品质，推进农业区域化布局、规模化种植、标准化管理、产业化经营。目前实施补贴的作物品种有水稻、小麦、玉米、大豆等四大粮食作物以及棉花、油菜两种经济作物。农作物良种补贴资金运行管理实行省级列支、专户直拨。

三、大型农机具购置补贴

农机具购置补贴，是指国家对农民个人、农场职工、农机专业户和直接从事农业生产的农机作业服务组织购置和更新大型农机具给予的部分补贴。在申请补贴人数超过计划指标时，要按照公平、公正、公开的原则，采取公开摇号等农民易于接受的方式确定补贴对象。对已经报废老旧农机并取得拆解回收证明的，可优先补贴。

补贴范围：农业部根据全国农业发展需要和国家产业政策，在充分考虑各省地域差异和农业机械化实际的基础上，确定中央财政资金补贴机具种类范围，即耕整地机械、种植施肥机械、田间管理机械、收获机械、收获后处理机械、农产品初加工机械、排灌机械、畜牧水产养殖机械、动力机械、农田基本建设机械、设施农业设备和其他机械等12大类、48个小类、175个品目机具。

补贴标准：中央财政农机购置补贴资金实行定额补贴。每档次农机产品补贴额按不超过此档产品在本省近3年的平均销售价格的30%测算,重点血防区主要农作物耕种收获及植保等大田作业机械补贴定额测算比例,不得超过50%。

四、农资综合直补

农资综合直补,是指国家为了解决柴油调价、化肥、农药、农膜等农业生产资料价格变动对农民种粮收益产生的影响而对种粮农民给予的补贴。农资综合补贴按照动态调整制度,根据化肥、柴油等农资价格变动,遵循"价补统筹、动态调整、只增不减"的原则及时安排和增加补贴资金,合理弥补种粮农民增加的农业生产资料成本。其资金来源于粮食风险基金,通过粮食风险基金专户下拨。

近几年,我国在农业补贴方面的政策更新比较快,补贴的额度和范围在不断扩大,而且各个省份相应也有本省的补贴范围及额度,广大家庭农场要及时查询国家和省份的相关惠农政策,为家庭农场的成功创办争取政策支持。

第二节 政策性农业保险政策

农业保险是农业生产者以支付小额保险费为代价,把农业生产过程中由于灾害事故造成的农业财产损失转嫁给保险人的一种制度安排。简单地讲,农业保险就是以农作物和饲养动物为对象的一种保险。农业保险实质是国家为稳定国民经济基础、加强农业保护而实行的一项惠农政策,由各级财政给予农民保费补贴,是政府财政对农业的一种附加投入或补偿性投入,是政府对农业的一种净投入,所以又称为政策性农业保险。

农业保险补贴险种按低保障、广覆盖的原则确定保障水平,以保障农户灾后恢复生产为出发点。保险金额原则上为保险标的生长期内所发生的直接物化成本（以国家权威部门公开的数据为标准），包括种子、化肥、农药、灌溉、机耕和地膜等的成本，即只保成本，不保收益。

一、中央和地方各级财政给予保费补贴的品种

种植业保险包括玉米、水稻、大豆、葵花籽、花生5个品种。以上5个险种的保费补贴比例为中央财政40%、省财政25%、县级财政15%，参保农民自担20%。

养殖业保险包括能繁母猪和奶牛两个品种。能繁母猪保险保费补贴比例为中央财政50%、省财政10%、县级财政20%、参保养殖户自担20%；对参加保险的龙头企业，由龙头企业承担30%，龙头企业所在地财政部门补贴10%。奶牛保险保费补贴比例为中央财政30%、省财政15%、县级财政15%、参保养殖户自担40%；对参加保险的龙头企业，由龙头企业承担45%，龙头企业所在地财政部门补贴10%。

二、具体保险责任

种植业保险责任是玉米、水稻、大豆、葵花籽和花生的保险责任，是人力无法抗拒的暴雨、洪水、内涝、风灾、雹灾、旱灾、冰冻（霜冻及障碍性低温冷害）。保险期限根据作物的生长期（从苗期开始到开始收获为止）确定。具体起止日期以保险单载明为准。若被保险人在保险期限内收获或改种其他作物，则该部分保险作物的保险责任自行终止。

能繁母猪保险责任是猪丹毒、猪肺疫、猪水泡病、猪链球菌、猪乙型脑炎、附红细胞体病、伪狂犬病、猪细小病毒、猪传染性萎缩性鼻炎、猪支原体肺炎、旋毛虫病、猪囊尾蚴病、猪副伤寒、猪圆环病毒病、猪传染性胃肠炎、猪魏氏梭菌病、口蹄疫、猪瘟、高致病性蓝耳病及其强制免疫副反应；暴雨、洪水（政府行蓄洪除外）、风灾、雷击、地震、冰雹、冻灾；泥石流、山体滑坡、火灾、爆炸、建筑物倒塌、空中运行物体坠落。

奶牛保险责任是口蹄疫、布鲁氏菌病、牛结核病、牛焦虫病、炭疽、伪狂犬病、副结核病、牛传染性鼻气管炎、牛出血性败血病、日本血吸虫病；暴雨、洪水（政府行蓄洪除外）、风灾、雷击、地震、冰雹、冻灾；泥石流、山体滑坡、火灾、爆炸、建筑物倒塌、空中运行物体坠落。

能繁母猪和奶牛的保险期限均为1年，并设观察期15天。农民在参加政策性农业保险后，要取得正常赔款，应当履行保险合同所约定的保险义务。平时要按畜牧部门和保险公司的要求，做好防疫、配种、妊娠等记录，建立健全和执行防疫、治疗的各项规章制度，在保险畜禽发病后要及时医治，做到早报告、早隔离、早治疗。否则，保险公司会因保户未尽到合同约定的保险义务，导致损失发生或扩大的理由而减少赔款或拒绝赔款。

三、保险索赔规定

当发生保险责任范围内的灾害事故时，参保农户要做好下列相关工作。

（1）在第一时间通过保险公司的服务热线电话进行报案，也可以直接向保险公司委托的政策性农业保险服务站或保险服务代理员报案。

（2）在保险公司查勘人员到达现场之前，要尽量保护好现场不受破坏，当被保险的财产仍处于危险之中时，要立即组织施救以减少损失。

（3）协助保险公司查勘人员做好定损理赔工作，在保险理赔人员的指导下，填写出险及理赔通知单、损失确认单等，说明事故发生的原因、经过和损失情况，协助理赔人员现场清点和定损。

（4）积极提供赔款必备的相关部门证明材料，如畜禽疫病死亡，需要当地畜牧部门出具病因证明，并要提供按时接种的证明材料。

（5）在办齐相关赔偿手续、达成赔偿协议后，持保险单和保户的营业执照、法人代码证、个人身份证等办理赔款的必要证件向保险公司申请赔付。

（6）保险公司按照约定赔付时限，一般会在5个工作日内将赔款付给农户。

第三节　农业税收优惠政策

一、废止农业税收政策

国家为了减轻农民负担，让农民真正得到实惠，废止了相关税收政策，即自2006年1月1日起，种粮农民不再缴纳农业税；2006年2月17日后，农民销售自产的农业特产收入不再缴纳农特产税；农民屠宰自养的猪、牛、羊等不再缴纳屠宰税。

二、农业服务收入免税范围

农民从事农业机耕、排灌、病虫害防治、植物保护、农牧保险以及相关技术培训业务收入，家禽、牲畜、水生动物的配种和疾病防治收入，免征营业税。同时，国家规定，纳税人单独提供林木管护劳务行为的收入中，属于提供农业机耕、排灌、病虫害防治、植保劳务取得的收入，免征营业税。

三、经营项目免税范围

按照规定，农业企业从事农、林、牧、渔业项目经营所得可以免征、减征企业所得税。

（1）农业企业从事蔬菜、谷物、薯类、油料、豆类、棉花、麻类、糖类、水果、坚果的种植，中药材的种植，林木的培育和种植，牲畜、家禽的饲养，农作物新品种的选育，林产品的采集，灌溉、农产品初加工、兽医、农技推广、农机作业和维修等农、林、牧、渔服务业项目，远洋捕捞项目的所得，免征企业所得税。农产品初加工按规定，自2008年1月1日开始执行，包括种植业、畜牧业、渔业等三大类，列举粮食初加工等30多项农产品初加工类别，涉及若干个产品200多道工艺流程。

（2）农业企业从事花卉、茶以及其他饮料作物和香料作物的种植、海水养殖、内陆养殖项目的所得减半征收企业所得税。

第四节　家庭农场的人力扶持政策

所有经营主体中最为核心的要素是人，因此家庭农场的发展尤其离不开人力资源的支持。现代农业发展对农民的素质要求越来越高。高素质的农业劳动力，是农业现代化发展的源泉。

我国对家庭农场人力资本方面的投资非常重视。在这方面，国家在以下三方面有优惠政策。

一、发展新型职业农民

什么叫职业，什么叫职业精神？有一个故事很有意思。

1981年，美国里根总统遇刺时，贴身保镖用身体挡住了飞向总统的子弹，他倒在地上后说："我终于等到这一时刻了。"①

家庭农场的从业者就是职业农民。职业农民是个新概念，望文生义，职业农民就是将从事农业作为独立职业的农民。规范地讲，职业农民是将农业作为产业进行经营，并充分利用市场机制和规则来获取报酬，以期实现利润最大化的理性经济人。长期以来，社会上长期将"农民"这个职业当成嘲讽的对象，但是当社会把"职业农民"写进中央文件，说明当农民也是一个光荣和有前途的职业。职业农民并非是户籍在农村就是职业农民，它隐含3个前提条件：一是从事农业，以获取经济利润为目的；二是必须从事农业生产和经营；三是必须作为一种独立的职业。

新型职业农民首先是农民。所谓农民是指长期居住在农村社区，并凭借土地等农业生产资料长期从事农业这个行业的劳动者。从一般意义上说，被认定为农民要符合以下4个条件：一是占有或长期使用一定数量的生产性耕地；二是大部分时间从事农业劳动；三是其经济来源主要是农业生产和农业经营收入；四是农民长期居住在农村社区。这是农民的一般特征，职业农民当然也必须符合这些条件，以区别于非农民。

相对传统农民而言，新型职业农民除了符合农民的一般条件，还须具备"新"，那么"新"在哪里呢？

第一，新型职业农民应该是市场主体。传统农民追求的是维持生计，而新型职业农民则充分进入市场，并利用一切可能的选择，追求报酬最大化，一般具有较高的收入，也就是高于

---

① 李飞.定位故事.北京：经济科学出版社，2008

一般农民的平均收入，而且和当地从事一般职业的居民，特别是城市居民劳动者，拥有相同水平的收入。

第二，新型职业农民具有高度的稳定性，把务农作为终身职业。新型职业农民与兼业农民的最大区别在于收入来源不同决定了对土地的态度不同。兼业农民，特别是以打工为主的兼业农民，因为其主要收入来源是打工收入，农业沦为家庭"副业"。兼业农民往往对种地收入抱着可有可无的态度，种地的目的甚至仅仅是"够自己吃就行"，影响了农业的产品贡献。新型职业农民则不同，农业收入是其主要收入，甚至是唯一收入来源。因此，他们重视农业的产出和市场价值，注重资源的合理配置，具有较高的生产积极性。不仅如此，新型职业农民的稳定性使之更重视土地的可持续利用，避免农业经营的短期行为，这是可持续农业的重要条件。此外，因为其收入、社会上感受到的尊严，以及稳定性等方面具备吸引力，从而"后继有人"。稳定性是农业自身特点对从业者的基本要求，以区别于资本农业对农业的短期行为。

第三，新型职业农民具有高度的社会责任感和现代观念，新型职业农民不仅有文化、懂技术、会经营，还要求其行为对生态、环境、社会和后人承担责任。

家庭农场是中国农业清晨的太阳，昭示着未来的希望，也是新型职业农民施展才华的舞台。家庭农场激发了农村土地、人力、资金、设施、机械等生产要素的潜能，促进了设施化、机械化、信息化的推广和利用，提高了劳动生产率、资源利用率和土地产出率。家庭农场农民是新型职业农民的主要来源。随着越来越多的年轻人离开土地融入城市，为土地流转创造了条件，土地向种田"能手"流转逐渐形成承包大户，进而形成家庭农场。需要指出的是，目前从事农业生产的四五十岁的农民，不仅具有丰富的农业知识，还对农业有感情，着力把他们中的一些种田"能手"培养成新型职业农民，对农业文化传承和农业可持续发展具有承上启下的重要意义。

此外，对那些致力于农业发展，立志从事农业的大学毕业生，还有外出打工的返乡创业者，最理想的载体也是家庭农场。他们有技术、有见识、有资本，对农业和乡村怀有感情。他们返乡创业，创建家庭农场，就是充满希望地成为新型职业农民。

二、教育和培训现有大户的户主

现有大户是家庭农场发展的初级阶段，大户户主的素质在很大程度上影响着家庭农场的创建水平和发展水平。种粮大户、种田能手、种植专业户是以自然人身份和个人资本通过土地承包权流转而扩大经营面积，并且仍然在从事农业经营的人。他们一般游离于龙头企业、专业合作社之外，但是他们又是劳动者，经过发展又可以成为家庭农场的管理决策者。他们的素质、水平，甚至个性直接影响到家庭农场的创建和发展。

随着政策的逐步到位，他们都可以注册成为家庭农场。这些户主作为家庭农场的关键成员，既是"一家之长"，又是"一场之主"，决定着日常农场的生产和经营管理。家庭农场还担负着一个重要的使命，就是促使传统农业向现代农业转变。所以户主们不仅要有文化、懂技术，而且要会经营、善管理。

根据浙江家庭农场的调查[①]，在被调查的136个家庭农场中，农场主平均受教育年限为9.6年。其中，文盲2人，小学文化程度15人，初中文化程度58人，高中文化程度43人，大学

---

① 陈永富，曾挣，王玲娜.家庭农场发展的影响因素分析——基于浙江省13个县、区家庭农场发展现状的调查.农业经济，2014（1）

文化程度18人。尽管大部分农场主从事农业生产多年，实践经验丰富，但毕竟受学历、理念等因素影响，难以有效承担现代农业发展的重任。虽然这是一个地区性的调查，但是"窥一斑可见全豹"，提高农场主的经营管理素质和能力是改造传统农业、壮大家庭农场的重要抓手。

2005年年底，农业部在《关于实施农村实用人才培养"百万中专生计划"的意见》中首次提出培养职业农民。文件指出，农村实用人才培养"百万中专生计划"的培养对象是：农村劳动力中具有初中（或相当于初中）及以上文化程度，从事农业生产、经营、服务以及农村经济社会发展等领域的职业农民。2006年年初，农业部进一步提出招收10万名具有初中以上文化程度、从事农业生产、经营、服务以及农村经济社会发展等领域的职业农民，把他们培养成有文化、懂技术、会经营的农村专业人才。2007年1月，《中共中央国务院关于积极发展现代农业扎实推进社会主义新农村建设的若干意见》首次正式提出培养"有文化、懂技术、会经营"的新型农民。2007年10月，新型农民的培养问题写进党的"十七大"报告。

国家政策明确指出，为了促进家庭农场的发展，要加大对家庭农场经营者的培训力度，将家庭农场经营者纳入新型职业农民、农村实用人才、"阳光工程"等培育计划。鼓励家庭农场经营者通过多种形式参加中高等职业教育，提高学历层次，取得职业资格证书或农民技术职称。

【经典案例】

峨眉29岁小伙和他的家庭农场

四川省峨眉山市符溪镇战斗村，新村聚居点的另一侧，一座刚崛起的白色大棚格外引人注目。

这个即将投用的蔬菜大棚归属战斗村的"能人"老许家。老许眼下正在云南的蔬菜种植基地现场指导春种春播,记者见到的是他29岁的儿子许鹏。

全钢架结构,内外遮阳层加保温层,层高6米,大棚面积2 000平方米,概算投资230万元。大棚的高标准不仅体现在建筑材料,关键在高度智能化的操作系统。"温度调节、喷洒作业等全部自动控制,不再需要人工作业。"生产技术总监宋智强介绍说。

大棚专供蔬菜育苗用,计划年育大苗300万株、小苗2 000万株,以成本价统一提供给种植户。投入产出一算账,建这个大棚本身并不赚钱,为什么还要建呢?

答案就在周边10 000余户蔬菜种植户,他们都是许鹏家的协议供应卖家。"农户自己育苗,往往难以保证种植需求,一不小心就耽误一个季节,既误了收成又影响市场。有了这个大棚,以后的种苗就没问题了,种植户省钱又省心,我们的营销也稳定。"许鹏说。

把一家一户分散的种植户组织起来,统一收购、统一外销,许鹏家的家庭农场规模一年比一年大。除峨眉本地10 000余协议农户、40 000多亩蔬菜基地,近年还在井研流转土地1 300亩、云南省流转7 000亩搞蔬菜种植,销售网络远及四川以外的东三省、北京、山西以及郑州、西安和寿光等地。2012年,许鹏家的家庭农场组织营销蔬菜10万吨、销售总额3.3亿元,种植户户均纯收入2万元。

先进适用技术、现代生产要素,规模化、集约化、商品化生产经营,这些现代农业的特质在许鹏的家庭农场流动生金,新型农业经营主体表现抢眼。

每年，许鹏家都会将300万元左右的资金用于修建蔬菜种植基地的道路沟渠等基础设施。此外，每年还有一笔刚性垫资，即拿出800万元左右资金，为协议农户先期购回种子、化肥、农药、农膜等生产资料，待农户卖出蔬菜后再收回。

这一家庭农场的朴素商业模式，有效化解了发展要素城乡倒流的顽疾，建立起互助共赢的良性新型合作关系。

眼下，许鹏的家庭农场正在孕育一场新技术革命：自主研发的早春大棚苦瓜种植，抗病性强、产量高，已进入试种推广阶段。这一新技术成果令人激动，抗病性强将直接减少农药使用，既安全环保又降低种植成本；产量高，保守估计将高出30%以上，亩产增加500千克以上。以一年两季蔬菜计算，一般亩纯收入将达到2万元。

投入基础建设、投入种植生产、投入新技术新产品研发、培训种植户、保底价收购农户反季疏菜……家庭农场里这些显见的资本下乡带来的直接和外溢效应让人欣喜。直接效应是农业增效、农民增收、家庭农场壮大，外溢效应是食品安全、产业现代、农民新型……

从乡村到城市，从田间到餐桌，很难分清是蔬菜进城牵动了资本下乡，还是资本下乡牵动了蔬菜进城？或者，二者原本就不该分得那么清？产业与资本，实则互为鱼和水的关系？

近年，老许把生产经营的一摊子事逐渐放权给了许鹏。实际上，为了最大限度对接农户的小生产与消费的大市场，许家的家庭农场早些年就"外搭"了一个更大的平台，实行公司化运作。通过这个平台，大宗农产品变成了商品，变成了农户和公司的货币收益。

29岁的许鹏，已经跟随父亲摸爬滚打了10年，青春的朝气中透着历练后的沉稳。父子二人，两代创业，家庭农场在农业和商业的大潮中洗礼，不断增加着现代元素，实业"雪球"越滚越大。

许鹏2013年的新计划有两项：投资2 800万元，扩建2 000吨气调库，新建泡沫包装箱生产线，放眼更大的市场需求。

而在许鹏的职业生涯规划中，学习也列在重要日程，近期目标是完成工商管理或市场营销专业的培训深造。

有专家认为，未来农业是"农源型产业"，是农业生产过程与消费过程的结合，已经具有知识经济的意义。在许鹏身上，记者感受到了新生代"农场主"更高远的人生追求。以科技为特征的现代农业，以知识为标志的新型"职业农民"，正在颠覆我们传统印象中的"三农"形象。这一变化，无疑是令人欢欣鼓舞的。

——杨心平. 峨眉29岁小伙和他的家庭农场. 乐山日报，2013 - 02 - 21

三、鼓励家庭农场的联合与合作政策

家庭农场作为一个崭新的发展引擎，是发展现代农业的有效载体。但是，世上没有一帆风顺的事情，新事物的出现也伴随着很多新问题，对此媒体上呼吁政府扶持的报道屡见不鲜。一方面，需要政府加大扶持力度；另一方面，很多问题的答案还来自市场、来自民间。

家庭农场还可以与其他经营主体实现共赢发展。2014年2月24日，农业部以农经发〔2014〕1号印发《农业部关于促进家庭农场发展的指导意见》，意见中就家庭农场的联合和合作提出三方面的政策：第一，引导从事同类农产品生产的家庭农场通过组建协会等方式，加强相互交流与联合，第二，鼓励家庭农场牵头或参与组建合作社，带动其他农户共同发展，第三，

鼓励工商企业通过订单农业、示范基地等方式，与家庭农场建立稳定的利益联结机制，提高农业组织化程度。

【经典案例】

宜陵镇成立首个农场联合会

江苏省扬州市首个家庭农场联合会4月23日在宜陵镇成立。该联合会是由宜陵镇农村合作经济组织、各家庭农场、养殖大户、相关涉农事业单位为主要成员联合组建而成，首批吸纳会员104户，注册资本3万元。会员中，已注册家庭农场的有13户。

"以往的一家一户超小农业规模经营已不利于农业生产发展，也不利于市场竞争。从2010年下半年起，宜陵镇开始试点推广农业适度规模经营。"宜陵农场联合会名誉会长宗晓庆告诉记者，"主要鉴于规模经营后整个运作过程中产前、产中、产后出现的诸方面问题，成立农场联合会，让农民潜移默化地形成科学种田的理念，也能有序推进土地流转。"

据了解，联合会主要面向农村合作经济组织、镇内各家庭农场、种植大户和相关涉农事业单位、社会团体及个人招收会员。遵循"绝不与民争利、绝不算计农民、绝不让农民吃亏"的原则，利益保障以实物计价，分红保底为水稻每年每亩250千克，统一以当年国家粮食收购托市价结算。

"在80多个农场大户中，有的擅长小麦种植，有的在水稻虫关把握上有一套，通过这种形式把大家集中起来，提高抗御自然灾害的能力。"宗晓庆介绍，成立联合会的好处多多，比如在对农场进行管理和服务的条例中，规定所有农场不得焚烧秸秆，如发现有焚烧秸秆的现象，立即终止其承租资格。"以前夏收20天,秋收30天,费很大力气去整治焚烧秸秆问题,联合会成立之后,就会省心很多。"除此之外,更多的农场主开始主动购买农业保险,改变了以往村集体提前垫付,农民不愿购买的情形。同时,也促进了产品结构调整,不必再"刀子砍、鞭子赶"了。

该联合会还计划建立农场信息平台,为农场提供政策咨询服务、科技服务、生产资料供应、农产品销售等信息服务。"有些农民不会熟练使用电脑,联合会将有专门人员上门收集信息,进行网络化管理,更好地服务各个会员。"

该联合会还将利用地域优势,抓住江都建设农村改革试验区的新机遇,努力把联合会半程服务发展为现代农业的有效载体、优势互补的联合团体,积极探索和实践农场农业发展的新思路,努力提升农场综合竞争力和抗风险能力,全面促进宜陵镇农场农业健康发展。

——志选,张煊.扬州网讯,2014-04-28

第五节 家庭农场的技术扶持政策

2014年2月24日,农业部以农经发〔2014〕1号印发《农业部关于促进家庭农场发展的指导意见》,就家庭农场社会化服务提出3个方面的政策,其核心是支持家庭农场改善生产条件、提高技术水平。其政策要点主要是:基层农业技术推广机构要把家庭农场作为重要服务对象,有效提供农业技术推广、优良品种引进、动植物疫病防控、质量检测检验、农资供应和市场营销等服务。支持有条件的家庭农场建设试验示范基地,担任农业科技示范户,参与实施农业技术推广项目。引导和鼓励各类农业社会化服务组织开展面向家庭农场的代耕代种代收、病虫害统防统治、肥料统配统施、集中育苗育秧、灌溉排水、贮藏保鲜等经营性社会化服务。

【经典案例】

江苏省发展家庭农场让农民依傍现代农业富起来

家庭农场的出现，不仅给农民的传统思想"洗脑"，也让老的生产方式提档升级。8月22日，在铜山张集镇见到顺发农场主王士涛时，他刚从山东省潍纺市考察回来。前段时间，潍坊市的一家农机公司邀请他们去免赛参观玉米联合收割机的使用。"以前我家种水稻、小麦主要靠人力，我之所以报名去参观是因为现在不一样了，机械化是农场发展的趋势，早学早主动。"出去转了一圈后，启发很大，他回来后立马买了插秧机、烘干机。

提档升级后最显著的变化是外流的人才回来了，重新向土地集中。8月的盱眙玉皇山，瓜果飘香，桃红葡紫。自从承包这荒山的季厚礼在年初成立了家庭农场，盱眙40多名青年农民决定放弃在外打工的机会，加入到他"石头缝里打江山"的事业中来，其中包括6名本科生。家庭农场激发季厚礼进一步"攀"大"靠"强，引进技术外援。他已主动与南京的科研院校合作，先后邀请江苏省农业科学院、南京林业大学、南京农业大学的专家来实地考察指导，并签订了长期技术服务协议。"拦住地面水、蓄住天上水、补调淮河水、提取地下水、保住土壤水"是专家设计的一套补水体系，这让他当年逢大旱而不缺水，仅瓜果收入一项就达200多万元。

——作者摘自：刘宏奇，王世亭，李仲勋，赵晓勇，王岩，蔡志明.人民网，2013-09-18

第六节　家庭农场的金融扶持政策

金融是农业生产和农村建设的血脉。家庭农场规模较大，从土地流转、农场基础设施建设、前期生产资料购置、后期经营管理等生产环节都需要投入大量的资金。而我国的家庭农场大多由承包农户发展而来，资金实力比较弱，不同的农场主多有着类似的顾虑，那就是贷款难。然而因农户原有土地规模很小，除了个别资本密集型家庭农场外，绝大部分家庭农场需要流转土地。由于经营规模较大，农业生产所需要的种子、化肥、农药，还是灌溉、收割、运输、仓储，或者所需要雇用的农业劳动力，都需要大量的资金。如武汉城郊家庭农场进行大棚蔬菜种植，仅大棚设施的费用为1万元/亩左右，这还没有包括土地平整以及开挖沟渠等其他成本。

河北涞县土地流转中心的调查也显示，当地每座1.5亩的日光温室大棚仅一次性固定投入就需8万元。目前针对农民的贷款比较好的模式是小额信贷，但是小额信贷额度太小、手续烦琐，根本无法满足家庭农场的资金需求。因此家庭农场主往往只能通过自己的亲朋好友等社会网络筹集资金，在急需资金时甚至要通过高利贷来缓解燃眉之急。可见，融资成为制约家庭农场生产经营发展的瓶颈。

金融支持具体措施如下。

一、拓宽抵押物范围

融资难成为制约家庭农场发展的一个重要障碍。虽然资金存在缺口，但家庭农场主却很少有人去银行贷款，主要原因是家庭农户没有抵押物，土地是流转过来的，银行不认可。解决融资难的贷款形式有以下四种。

一是种养殖物（权）抵押贷款。家庭农场最为直接的可抵押资产是农场的种养殖物。近年来，江苏省金融机构开发了一些针对种养殖物（权）的金融产品。2012年，南通海门农商行推出农资活物抵押贷款，以农村企业养殖的奶牛为抵押物，为借款人发放贷款；为了分散并有效控制风险，由企业为抵押活物办理农业保险，以贷款银行为受益人。同样，近年来林权抵押贷款也得到了快速发展，截至2013年一季度末，全省林权抵押贷款余额2.53亿元。

二是农机设备抵押贷款。很多从事种植业的家庭农场需要购置各类农用机械设备，加之近年来国家鼓励农机耕种，对购买大型设备的补贴率较高，部分家庭农场融资用途便是购买补贴较高的农机设备。连云港市东海农联社与地方农经部门、相关农机销售商合作，开办了农机设备抵押贷款。借款人与农机销售商签订购买协议，并为所购农机办理以贷款银行为受益人的保险，向银行提供贷款申请等相关材料，经银行审核无误后，发放相应贷款。自开办以来，该联社已累计发放732笔农机抵押贷款，投放贷款1.24亿元。

三是"一权一房"抵（质）押贷款。伴随农村土地流转工作的推进，土地承包经营权和农村完善农业保险住房成为试点探索的新型债务抵（质）押品。2009年，新沂农商行在全省率先推出"一权一房"贷款。2010年工行连云港市中心支行推动辖区内东海县出台了《关于开展农村"一权一房"抵（质）押贷款试点工作的意见》。农村企业或个人以自己拥有的农村土地承包经营权、农村住房作为抵（质）押物，可以向银行申请贷款。银行通过评估土地承包经营权的价值，给予借款人相应的贷款额度。地方政府通过成立风险基金，为银行业金融机构分担50%的风险。截至一季度末，全省已有徐州、连云港、淮安等6个省辖市的农村地方法人金融机构开办了这类业务，历年累计发放贷款662笔，信贷投放2.85亿元。

四是联保互保贷款。以农业产业链、行业信用协会、龙头企业等为核心载体的联保互保贷款模式，也同样适用于家庭农场。淮安市金湖联社开发的"行业信用协会"信贷模式是一个典型。该模式由信用互信的社员自愿组成联保体，以会员基金担保和会员之间互保、联保获得授信，解决了农民专业合作组织因不具备独立承担债务功能而无法融资的问题。自2012年6月推出以来，"金荷花"模式已累计投放172笔贷款，金额9 310万元，目前贷款质量良好，前景广阔。

二、金融支持措施

在各地人民银行的积极推动下，很多地方探索建立了有政府背景的担保基金或担保机构，为家庭农场的贷款提供担保。例如，江苏省常州市下辖的溧阳市政府拨付财政资金作为农业贷款担保基金，并在农工办事处下设立溧阳市农业贷款信用担保中心，为农业生产基地、农村种养殖大户融资提供担保。镇江市丹阳、句容、扬中三地分别设立了农民创业担保中心，为农村种养殖业个体工商户、小企业主在当地农村商业银行的贷款提供担保。贷款额度每户原则上不超过5万元，也可突破额度限制，具体金额视项目需要而定。

此外，银行还给予一定的利率优惠，鼓励机构和农户组建设农业融资担保公司。泰州市由政府、村镇龙头企业、村干部、农民经纪人出资入股，组建涉农专业融资担保公司，将担保基金账户开设在合作的银行，为当地的农户、个体经营户提供定向贷款担保。

【经典案例】

家庭农场急需规划帮衬

王洪玲夫妇的农场地处黄河滩区,虽说挨着黄河,水浇条件并不好,再加上土质为红土,黏性大,一下雨,脚踩在泥里就拔不出来。"在这里费这劲,还不如出去打两天工挣得多。"有不少农民干脆弃耕。

小路两侧时见有地块荒草丛生,王洪玲说,这些就是农民弃耕的农田。从2011年起,之前在山东省济阳县城干服装销售的她就把这些地从农民手里聚拢起来,2013年注册成立了银丰家庭农场。

经过2年多的发展,农场已初具规模。三间看护房前是一个藕池,左边是一片柳林,房后养着上百只鸡。按照王洪玲丈夫鲁勇的规划,想把这里打造成一个集观光旅游、垂钓、采摘、餐饮一条龙服务的绿色生态园。

按照这个规划,整个农场划定了500亩的果树种植区,挖了6个浅水藕池塘,其余地块种了30多亩蔬菜、100多亩粮食、200多亩苗木。

"麦田里挖的坑是准备春天种核桃树的。"按王洪玲的计划,树小时,地里就种粮食,树大了,就搞林下养殖。"现在一只鸡就100块钱,还不够卖的。"她对散养鸡的市场前景很是看好。

王洪玲对投资家庭农场一直很有信心,但两年下来,从商业领域突然涉足现代农业,有些难题让她有些意想不到。虽说是寒冬腊月,看护房边的柳树苗仍带有淡淡的绿意。王洪玲说,树苗是丈夫鲁勇主张种的,有30多万棵。当时想,卖树苗资金周转快,就是一棵赚一元钱,效益也很可观。但没想到,去年只卖了1万多棵,还是找人销的。"知道农业投资多,回报慢,但没想到这么慢。"王洪玲感叹道。

看护房的地上,一袋袋的地瓜已经长毛、霉烂。这是王洪玲的第二个没想到。她说,去年种了50亩地瓜,结果赶上下雨,当地红土地泥泞不堪,车根本进不来。最后,用链轨车挂上拖拉机斗,才运出去一半,剩下的10多万千克全烂在了手里。之前,下种西瓜的时候,也上演过相似的一幕。

"办农场,方方面面的事都要想到,一个想不到,就要亏大本。"鲁勇说,这里的土是一层红土一层沙土,土质不适合挖地窖子。"如果有个冷库就好了,损失就不会这么大。"

第三个没想到是没想到种地这么耗钱。虽然两口子都是农民出身,但仍然没想到投资农场就像是个无底洞。王洪玲说,因为租的是河滩地,高洼不平,当时想整整就行了,没想到,一遍整下来,光油钱就花了9万多元。

"这里虽说靠着黄河,可黄河水也没那么及时",王洪玲说,天旱了,种粮食还能挨两天,但种菜、种果树、种西瓜就不能指望黄河水了,所以她陆续打了10眼机井,为从黄河引水,还修了渠道,安了闸口,拉了电缆……

一样样算下来,已投进去了400多万元。以前赚下的钱早就花光了。后来,王洪玲又把自己在县城里的三套商品房先后两次抵押给银行,贷款380万元,现在也快用光了。"3月的西瓜苗都定好了,苗钱在哪里,还是个未知数。"王洪玲说,现在一想起有那么多用钱的地儿,她就头疼。

"前些日子,济南市副市长召集家庭农场主开会,我也去了。当时副市长问大家有什么困难,我们都说缺钱。"王洪玲说,现在农场主们就盼着政府能有个扶持政策,帮他们一把。

虽说缺钱,去年秋天,王洪玲还是流转了将近200亩土地。

"就是觉得便宜,才500元一亩,怕过两年这个价就流转不到了。"

租了这么多地,要种什么,往哪个方向发展,王洪玲两口子并没有一个统一、完整的规划。

"觉得核桃好贮存,用工少,当年卖不了,第二年还能卖,所以就种了核桃树。树苗也一样,鲁勇觉得来钱快就种了,至于市场好不好,前景怎么样,也是听别人说的。"王洪玲对丈夫的"盲目行事"颇有微词。

不过,两个人也逐渐认识到家庭农场规划的重要性。鲁勇介绍说,他只有初中文化,妻子王洪玲学历高点儿,也只是高中毕业,两人都没有受过专业教育,管理模式、经营理念等方面都受到限制,所以今年他们打算请个专家来给规划一下,该在哪儿修个长廊,哪个地方该种什么,听听专家的意见。

对于王洪玲两口子的规划,济阳县委的一位工作人员表示担忧。"济阳市离南市也确实不远,开车也就20多分钟的路程,貌似采摘休闲游有很大的市场,但黄河大桥收费这一项就把许多人拦在了黄河南,而且最重要的是做出特色,如果没有特色,在采摘游越来越普及的情况下,吸引人气恐怕有些难度。"这位工作人员认为,农场布局要规划,但更要紧的是对投资要进行规划。

山东省社会科学院农村发展研究所所长张清津认为,家庭农场主们投资家庭农场前,最好做一下前期论证,包括当地的基础设施、土壤、水质情况等,而且最好找懂现代农业规划设计的专业人士,对种植业、养殖业发展方向、市场前景,农业产业导向等做一个预判,以减少投资的盲目性。

思考题

1. 近年来,我国实施了哪"四补贴"支农惠农政策?
2. 简述目前中央和地方各级财政给予的保费补贴的品种。
3. 简述金融支持具体措施。

第三章 家庭农场的认定与创办

第一节 家庭农场的认定

发展家庭农场是提高农业集约化经营水平的重要途径。由于刚刚起步，家庭农场的培育发展还有一个循序渐进的过程。鼓励有条件的地方率先建立家庭农场注册登记制度，明确家庭农场认定标准、登记办法，制定专门的财政、税收、用地、金融、保险等扶持政策。

一、家庭农场认定的概述

目前，在全国约87.7万个家庭农场中，已被有关部门认定或注册的共有3.32万个。其中，农业部门认定1.79万个，工商部门注册1.53万个。

各地对于家庭农场是否需要工商注册看法不一，很多家庭农场主也比较迷茫。明明是从事农业生产经营的"农商"，为什么家庭农场要到工商部门注册呢？这是因为我国没有"农商"登记注册的法律制度，而只有在政府部门登记注册成为法人，才能取得税务发票并进行市场交易。农业部日前出台的意见明确提出，依照自愿原则，家庭农场可自主决定办理工商注册登记，以取得相应市场主体资格。农业部和国家工商管理总局对此做了专题调研，并达成了共识：家庭农场是一个自然而然发育的经济组织,现实中大量存在的较大规模的经营农户其实就是家庭农场,但不一定非要到工商部门注册;注册的形式可以多样化,由于家庭农场不是独立的法人组织类型,在实践中有的登记为个体工商户,有的登记为个人独资企业,还有的登记为有限责任公司。

从实践情况看,到工商部门登记的家庭农场在经济发达的地区比较多,这是因为他们从事农产品的附加值比较高,特别是发展外向型农业的家庭农场,出于经营方面的需要,可以提高公信力和竞争力,因而有动力去工商部门注册登记。农业部提出要建立家庭农场管理服务制度,县级农业部门要建立家庭农场档案,县以上农业部门可从当地实际出发,明确家庭农场认定标准,对经营者资格、管理水平等提出相应要求。

二、家庭农场的认定

家庭农场的认定主要有3个方面的规定性。一是家庭经营。家庭农场主要依靠家庭成员从事生产,即使有雇工也只发挥辅助作用。二是专业务农。家庭农场专门从事农业生产,主要进行种养业专业化生产,经营管理水平较高,示范带动能力较强,具有较强的商品农产品生产能力。三是规模适度。由于家庭农场有较大的种养规模,能够使经营者获得与当地城镇居民相当、比较体面的收入,但具体规模各地并没有统一的标准。

目前,全国约87.7万个家庭农场经营的耕地面积有1.76亿亩,平均经营规模200.2亩。以粮食生产型家庭农场为例,各地标准并不一致。安徽省提出家庭农场连片规模应在200亩以上,江苏省提出的是100~300亩,上海市则提出以100~150亩为宜。面积小了自然不能实现规模效益,但家庭农场并非越大越好。连年的水稻增产,让安徽省天长家庭农场主赵自昆尝到了增收的甜头，280亩地一年的纯收入超过15万元，但他并不想就此扩大规模，主要原因是"面积大了，人力管不过来，成本收入核算也不划算"。

从调查看，以家庭为单位，以粮食生产为例，一年两熟地区户均耕种50~60亩，一年一熟地区100~120亩，各种资源配置效率最高。

专家认为，可以从3个方面把握家庭经营的规模：一是与家庭成员的劳动生产能力和经营管理能力相适应；二是能实现较高的土地产出率、劳动生产率和资源利用率；三是能确保经营者获得与当地城镇居民相当的收入水平。具体来说可以从5个方面展开，即组织主体、组织方式、经营领域、经营规模和市场参与。

（一）组织主体

家庭农场的组织主体是家庭。在农业生产决策单元中，农民家庭被认为是具有独立市场决策行为能力的最微观主体。但是，受农村劳动力流动的影响，家庭农业生产决策越来越复杂，非户主决策现象突出。因此，在家庭农场组织主体认定上，必须是以家庭户主为主、家庭主要成员参与的组织主体。

（二）组织方式

家庭农场的组织方式非常重要，直接决定家庭农场能否做大做强，发展成为新型的、重要的农业经营主体。家庭农场组织方式应为企业化组织，究其原因，一是家庭农场需要流转土地、市场融资，即参与市场资源配置，企业化组织更方便组织资源；二是从管理上，我国对企业的市场经营管理已有成熟的做法和经验，方便对家庭农场的市场行为进行规范化管理。

（三）经营领域

家庭农场显然必须以农业为基本经营对象，但是，家庭农场有别于种养大户和小农户，其经营领域应充分体现农业的市场价值，需要通过盈利支撑农场的持续性发展。因此，家庭农场必须拓展农业除生产功能以外的其他功能，如服务功能、生态功能等，走以规模化农业生产为基础的综合化经营的新路子。这意味着家庭农场必须是具备"三生一服"（生产、生活、生态和服务）的综合经营功能。

（四）经营规模

家庭农场经营规模指标建议为参考性指标，因为各地区的土地资源禀赋存在较大差异，如东北地区家庭拥有50亩土地是常态，而江浙地区家庭承包耕地面积往往只有几亩。因此，建议家庭农场经营规模应在当地人均耕地面积的50倍左右即可。

（五）市场参与

家庭农场界定为企业化组织，意味着家庭农场的经营目的是追求利润最大化，利润最大化的基本要求是较高的市场参与度，因此家庭农场的产品和服务的商品化率应达到80%以上。

总之，由于家庭农场刚刚起步，其培育发展还有一个循序渐进的过程。国家鼓励有条件的地方率先建立家庭农场注册登记制度，明确家庭农场认定标准、登记办法，制定专门的财政、税收、用地、金融、保险等扶持政策。因此，中国式家庭农场是一个动态的、地区的概念，其规模与分布因生产力差异也不尽相同，其规模特征很大程度上依靠专业化分工协作而形成的群体规模优势来实现，从耕种到收割、从物资采购到产品销售等主要环节由专门的服务组织来完成，而田间管理靠家庭成员，以扩大服务的规模来弥补土地规模经营的不足。虽然中国式家庭农场有微型、小型、中型、大型之分，但这是经营规模与家庭特点相匹配的结果。

[经典案例]

上海市松江家庭农场的认定标准

上海市松江区非农就业率达96.7%，是典型的都市"三农"区。松江的家庭农场别出心裁，是高度"计划性"的"定人定产"农场，规模在100～200亩，农场主是本地职业化的家庭成员，基本不超过3人，只从事粮食生产和养猪。家庭农场自2007年推出到2012年6月，已发展到1 173户，经营面积占全区粮田面积的77.3%，户均经营面积达114.1亩，户均年收入达10.1万元。在松江，"定人定产"的家庭农场已成为松江都市农业的亮点。松江"定人定产"家庭模式有非常科学的顶层设计，保障了粮食生产，保护了生态，培育了职业农民，保证了专业化水平，一举多得。

第二节 家庭农场的创办条件

一、创办家庭农场的好处

随着农村劳动力大量进城打工，农村出现了土地闲置现象，农业科技推广应用缓慢。目前，国家鼓励并扶持种田能手、具有中级以上农业技术职称的国家工作人员留职、留薪创办示范型家庭农场，研究各种家庭农场模式。家庭农场的最大特点在于既保留了农户经营农业的优势，符合农业生产特点的要求，同时克服小农户的弊端，是新型职业农民培育的必要条件和现代农业组织的基础。下面从3个层面来归纳家庭农场的发展优势。

首先,从生产效益层面上看,有利于高科技的运用和标准化生产。家庭农场的稳定性和适度规模有利于激发农户的科技需求和应用,有利于农业集约化、专业化和组织化的实现,有利于耕地的保护和可持续利用,如畜禽的粪便不再需要贴钱处理,种植业的有机肥料也可免费获得,实现种养结合。

其次,从资本运作层面上看,中央最高决策文件对家庭农场这一经营模式给予了明确的肯定,家庭农场方面的投资和项目数量未来将会出现井喷式增长。通过市场化的运作,打破村庄经济的封闭性,让资本、劳动力、信息和技术真正动起来,进而充分发挥市场的调节作用。从长远来看,一旦国内大量的资本进入农业,未来一定会出现具备上市资格的农场连锁品牌。资本的介入,农业生产风险的控制机制将会逐步构建。可以运用农业保险、大宗农产品的套期保值等现代化金融手段最大程度规避农产品的价格风险。

最后,从农村发展的角度看,长期以来,农村自身经济停滞不前,农村青壮年劳力纷纷外出打工,农村日渐"空心化"。随着家庭农场的良好发展,留在农村本地的青壮年将越来越多,"空心化"自然日渐化解。随着农村"空心化"的解决,农村留守儿童难题也将解决。农村之所以出现大量的留守儿童,根源就在于父母外出打工,一旦父母留在农村发展家庭农场,儿童就可以与父母朝夕相处,留守儿童也会越来越少。最重要的是,随着家庭农场的发展,农村城镇化也将越走越近。真正的城镇化,不是将农民赶进城市,成为所谓的"城里人",而是将农村发展好了,变成真正的城镇。若是家庭农场发展良好,农村的经济条件不断改善,农村成为城镇只是个时间问题。

具体而言,创办家庭农场有五大好处。

第一,家庭农场整合应用了先进的农业科技、良种、良法、农机作业,示范推广了农业高新科技,节约了生产成本。

第二,家庭农场参加了农业保险,增强了抵御自然灾害的能力。它得到政府扶持资金,能不断扩大种养殖规模,提高经济效益,增加示范效应。

第三,家庭农场按有机农业标准化技术生产,应用安全放心农资,生产出的农产品有机、环保,吃得放心,有订单,不愁销路,种出的农产品能获得很好的经济效益。

第四,创办人通过租赁获得农民的土地,家庭农场使闲置的土地发挥了最大效益。

第五,家庭农场是现代农业的发展方向,是进一步加快农业发展、示范推广农业新科技、提高科技贡献率的有效途径。

总的来说,家庭农场既坚持了以农户为主的农业生产经营特性,又扩大了经营规模,解决了长久以来传统农业经营"小、散、乱"等问题。更为重要的是,家庭农场正在改变中国农业分散的家庭承包经营导致的农民老龄化、兼业化等问题。

[经典案例]

规模种植棉花收益多

一般农户种植1亩棉花的投入为种子35元,农药80元,化肥180元,劳动力450元,机械折旧10元,总计755元;每亩产棉花225千克,以4.8元/千克的价格计算,亩收益为1 080元,净利润为325元/亩。

家庭农场种植1亩棉花,要支付土地流转承包费,计为360元,但由于统一采购的因素,其余各项成本都要低一些,销售价也要高一点。种子20元,农药60元,化肥150元,劳动力370元,机械折旧50元,总计成本1 010元。每亩产棉花225千克,以5.2元/千克的价格计算,亩收益为1 170元,净利润为160元/亩。这笔账算下来,从表面上看,一家一户种植比规模种植的收益每亩多165元,但如果单纯考虑土地利用效果(扣除土地租赁费360元),则规模经营收益每亩要比一家一户多出195元(资料来源:中华讲师网)。

启示:规模种植确实有利于降低生产成本。对于普通农民来说,他们辛苦一年种几亩地,但是每亩的收益还比不上转包费;而家庭农场通过规模经营不仅降低了生产成本,而且在生产总量上也保证了经营者能获取较高收益。

二、家庭农场创办的前提条件

(一)土地能集中,形成规模

家庭农场要求较高程度的集约化经营和规模化经营,需要家庭农场主从普通农户手中流转更多的土地。然而,不少"农场主"都面临着土地流转的难题。如湖北省宜城市刘猴镇邓冲村"农场主"王庆禄有扩大种植规模的想法,但很难租到集中连片、具备机械化作业条件的田地。从他的经验看,愿意流转的多是只有几亩地的农户,租过来往往不能集中连片利用,也没办法实行机械化。农户往往只把一部分土地出租;另一部分留在自己手上种口粮。他说:"我自己原有10多亩地,加上原先合作社流转的40多亩土地,一共有50亩土地,可是这些土地分别在两个村,一圈地种下来,需要两个村来回跑几趟,费神费力不划算。"

与王庆禄有类似经历的"农场主"还不少。大多数农民为什么不愿流转土地？主要是农民瞻前顾后、心里不踏实。土地是农民手中最重要的资产，事关长远利益。目前，在子女教育、社会保障、住房等问题没有得到根本解决之前，农民不会贸然将土地长久流转出去。不仅如此，中共中央"一号文件"规定，既不能限制，也不能强制农民流转土地。没有农民的转移，就不会有农村土地的流转，而要想让土地流转，必须解决农民脱离土地后的后顾之忧。

还有一个值得关注的问题是，"农场主"租种土地的承包费如何消解。目前，正常年景之下，农民自种一亩地的粮食一年能赚上千元，如果"农场主"种粮食，单产未必有小户农民高，而且"农场主"还要支付额外的租金，付少了，出租农户不愿意；付多了，家庭农场承担不了。在家庭农场发展初期，可以通过政府补贴消解部分承包租金，长期这样，恐怕难以为继。据调查，2012年雇个零工收割、插秧要100元/天，2013年120元/天都请不到人。2012—2013年持续大旱，农资价格涨了，水费和农机具的开支涨了，人工成本涨了，但粮食产量下降、粮价下跌，一些以种粮为主的"农场主"保本都难。

（二）发展资金瓶颈

家庭农场发展离不开金融支持。一些家庭农场想扩大规模，却遭遇融资难。农业项目投入形不成固定资产，不能抵押融资。多数农场主没有很多可抵押的资产，只能获得小额贷款，而少量贷款只能是杯水车薪，根本解决不了大问题，不少农场主为此头疼不已。

现在流转的耕地在过去都是一家一户的承包地，既分散，又不成块，水、渠、沟、路不怎么配套。改善这些基础设施，需要大量资金。如湖北省蔬果种植大户胡吉红2013年4月注册了家庭农场。光蔬果基地建设花费了600多万元，修观光水泥路又花了60多万元，虽然"钱景"光明，但前期投入太大，让他很有点吃不消。他说："自己多年积蓄已全部投入，想贷款又贷不到。"以"稻鳖共生"种养新模式致富的"农场主"郭忠成的家庭农场已经达到了400亩，也面临着资金难题。为了实现深加工，他曾多次向银行申请贷款都无结果。他说"农业风险大，生产周期长，效益产出慢，银行不愿放贷。即使放贷，也只是三五万元，顶不了多大的事。"

（三）要有高素质的职业农民

"种1亩地与种1 000亩地不可同日而语"。家庭农场需要什么样的农民？从湖北省涌现的"农场主"可看出一些端倪：王庆禄是种粮大户，郭忠成"发明"了"稻鳖共生"，胡吉红搞的是工厂化种植，他们能脱颖而出都有自己的强项。从这些升级成功者的素质看，家庭农场已非传统务农者可以胜任。

从市场需求看，当下有5类农民最走俏：从一产转向非农就业的"技能型"农民；从事农业生产和经营的"专业型"农民；自主经营农产品精深加工、特色商业、服务业等项目的"创业型"农民；具有技术专长、人格魅力和群众威望的"带动型"农民；有一定企业经营经验的"管理经营型"农民。一些"农场主"说，"高素质农民，年薪10万不是问题。只可惜这样的农民太少"。

目前，随着城镇化进程加快，"洗脚上岸，背包进城"已成为大多数农村青壮年的选择，留守农村的多是妇女、孩子和老人，农业劳力的断层现象已经显现。与此相应的是，这些主要劳力文化程度普遍偏低，只能勉强维持传统农业生产。现在的农村，"'60~70后'不想种地，'80~90后'不会种地，'00~

10后'不谈种地"。务农的工价不断在涨，但劳动力依旧难求。

据一位多年在市职业高中任教的农林专业课教师说："由于市场变化，职业高中的种养殖专业几乎垮掉了，过去有比较优势的涉农专业，近几年都招不到人，几乎开不了课。发展家庭农场，农业生产规模化、集约化程度不断提高，对各类生产经营和技能服务型人才产生了巨大需求。"他呼吁要重视职业农民的教育培育，培养一大批适应现代农业发展需要的新型农民。

（四）良好的社会服务

近几年来，农产品价格暴涨暴跌，"菜贱伤农""菜贵伤民"的故事不断上演。传统的大宗农畜产品如白菜、冬瓜、生猪、禽蛋、麦冬等价格波动剧烈，增产难增收，让农民无所适从。农产品价格暴涨暴跌最直接的原因是信息不对称，大多数农场主无法在第一时间了解到增收信息，获得高效品种，掌握增产技术；有了好的农产品，也不知道卖到哪里。有几位"农场主"深有感触地说："市场瞬息万变，各种致富信息鱼龙混杂，让人对项目摸不着、吃不准、看不透，农产品价格上扬了，有时我们不知道，等知道了追上去已经晚了。"农产品市场走势如何？种啥划算？养啥赚钱？种植、养殖有哪些新技术？养什么禽畜有市场？这些都是"农场主"迫切需要的信息。

调查发现，"农场主"的地位其实很尴尬：与千变万化的大市场相比，仍然显得过于渺小。缺专业人员、缺专业信息渠道、缺对国内外市场的专业研判，使得家庭农场主难以掌握并有效利用市场信息。"农场主"主要凭经验、凭对市场的主观判断种植农产品，往往产销不对路。一些"农场主"和普通农户无多大差别，只是多从农民手里转包了一些田地而已。他们既无晒场，又无粮仓，收割后要么不晒就卖，要么晒在马路上，贮存在自家简易粮仓，长时间存放被老鼠吃了不少，有时还会霉变发芽。连续两年被农业部评为全国种粮大户的童启国就迫切希望有关部门解决农机和粮食存放问题，"让农机有'机窝'，粮食有粮仓。"

家庭农场要发展好，需要强化完善的社会化服务，包括政策、贸易、气象、病虫害防治、新技术、新品种等实用信息方面的服务。但是，城市目前显然提供不了这样的服务。例如，农业社会化服务组织机构不健全，队伍不精干；各个服务组织之间常常各自为政，形不成合力。有的"服务部"、"服务公司"由贸易货栈、小卖部改头换面而来，承担不了"农场主"的个性化服务要求。一些"农场主"反映，有的服务组织服务行为短期化，重创收、轻服务。

(五) 政府的政策支持

健全的土地流转制度有利于促进土地流转，扩大家庭农场的经营规模，加强政策支持，规范土地使用权的有偿转让，能够有效促进土地流动。通过合理的流动实现耕地的相对集中，政策上的保证尤为关键。通过流转将土地集中于种田能手，促进土地规模经营。在实际工件中，应进一步加大对土地流转的扶持力度，制定支持政策，加大对流转土地的补贴，促进家庭农场大批建立和发展。

第三节 建立家庭农场的程序

一、家庭农场的认定与登记

家庭农场既能享受到国家政策，同时可以继承和发展，而且家庭农场涉及农业规划、财产、品牌建设、农场继承等一系列问题，应该也必须进行"登记"。只有登记为家庭农场才能获得国家认可，便于认定识别、政府管理与政策支持。除此之外，尽管有了官方的定义，但是，在现实操作中却并非如此，有些家庭农场成为某些主体通过政策进行套利的手段。家庭农场登记注册是保证家庭农场稳定性、政策针对性的要求。

各地涉及农业的部门基本上都出台了对家庭农场登记管理工作的意见。在这些意见中，对家庭农场的登记范围、名称称谓、经营场所等方面做出了说明。不少省市规定：以家庭成员为主要经营者，通过经营自己承包或租赁他人承包的农村土地、林地、山地、水域等，从事适度规模化、集约化、商品化农业生产经营的，均可依法登记为家庭农场。这里的家庭有很多的界定，也出现了许多观点：一种是以传统的家庭为基础，即子女分家后就算一个家庭；也有人建议，以大家庭为基本单元；还有的提出，家庭成员占经营人员的比例至少80%，也可以聘请临时工或长期工；另外一部分人认为，家庭农场主不应局限于农村户口。笔者认为，在尊重农民意愿前提下，家庭的含义可以扩大到祖辈、父辈、儿孙辈甚至其他亲属。在现阶段，家庭农场业主以农村户籍为宜。城市人员、工商资本可以进入农业领域，但目前不宜纳入政策所指向的家庭农场范畴。

国家规定，乡（镇）政府负责对辖区内成立专业农场的申报材料进行初审，初审合格后报县（市）农经部门复审。经复审通过的，报县（市）农业行政管理部门批准后，由县（市）农经部门认定其专业农场资格，做出批复，并推荐到县（市）工商行政管理部门注册登记。

家庭农场登记需要的申报材料：

1. 专业农场申报人身份证明原件及复印件；

2. 专业农场认定申请及审批意见表；

3. 土地承包合同或经鉴证后土地流转合同及公示材料（土地承包流转等情况）；

4. 专业农场成员出资清单；

5. 专业农场发展规划或章程；

6. 其他需要出具的证明材料。

其他需要出具的证明材料：第一，土地流转以双方自愿为原则，并依法签订土地流转合同；第二，土地经营规模，比如水田、蔬菜和经济作物经营面积30公顷以上，其他大田作物经营面积50公顷以上，土地经营相对集中连片；第三，土地流转时间，10年以上（包括10年）；第四，投入规模，投资总额（土地流转费、农机具投入等）要达到50万元以上；第五，有符合创办专业农场发展的规划或章程。

【经典案例】

苏州市首家公司制家庭农场在太仓市诞生

日前，江苏省太仓市浏河镇农民赵康明经核准注册，成功领取了"太仓市万鑫家庭农场有限公司"的营业执照，这是苏州市范围内首家经工商部门登记注册成立的公司制家庭农场。

该农场位于浏河镇万安村，注册资本100万元，主营业务为淡水产品的养殖和销售。公司制家庭农场的成功注册为苏州地区农村市场主体增添了新形式，为农村经济发展增添了新活力，农民创收途径将变得更加宽广。

2013年以来，太仓市政府积极引导该市范围内符合条件的农业大户向开设家庭农场方向发展，目前该市共有登记设立的家庭农场4户,其中3户为个体户,1户为公司。太仓将进一步加大扶持、宣传力度,让更多农户了解"家庭农场",促进越来越多的家庭农场生根发展,助力农民增收,推动现代农业发展。

(资料来源:http://www.nlj.suzhou.gov.cn/web/showinfo/showinfo.aspx?infoid = 99904812 - elfa - 4e06 - 917f - 9cl470606393)

二、家庭农场的注册

在全国约87.7万户家庭农场中,已被有关部门认定或注册的还是比较少。目前,仅有3.32万户。其中,农业部门认定1.79万户,工商部门注册1.53万户。同时,家庭农场可申请登记为个体工商户、个人独资企业,符合法律法规规定条件的,也可以申请登记为合伙企业或有限责任公司。

家庭农场是一个产业组织主体,并非是工商注册的组织类型。国家农业部《指导意见》明确提出,依照自愿原则,家庭农场可自主决定办理工商注册登记,以取得相应市场主体资格。

家庭农场是一个自然而然发育的经济组织。许多现实中存在的较大规模的经营农户其实就是家庭农场,但不一定非要到工商部门注册,注册的形式可以多样化。由于家庭农场不是独立的法人组织类型,在实践中有的登记为个体工商户,有的登记为个人独资企业,还有的登记为有限责任公司。农业部提出探索建立家庭农场管理服务制度。县级农业部门要建立家庭农场档案,县以上农业部门可从当地实际出发,明确家庭农场认定标准,对经营者资格、劳动力结构、收入构成、经营规模、管理水平等提出相应要求。依照自愿原则,家庭农场可自主决定办理工商注册登记,以取得相应市场主体资格。

在东南沿海经济发达地区,家庭农场从事农产品的附加值比较高，特别是发展外向型农业的家庭农场，出于经营方面提高公信力和竞争力的需要，因而有动力去工商部门注册登记。《指导意见》指出，我国家庭农场作为新生事物还处在发展起步阶段。当前主要是鼓励发展、支持发展，并在实践中不断探索、逐步规范。不断发展起来的家庭农场与专业大户、农民合作社、农业产业化经营组织等多种经营主体都有各自的适应性和发展空间，发展家庭农场不排斥其他农业经营形式和经营主体，不只追求一种模式、一个标准。家庭农场发展是一个渐进过程，要靠农民自主选择，防止脱离当地实际、违背农民意愿、片面追求超大规模经营的倾向，人为归大堆、垒大户。例如，山西省暂行意见明确提出，由各级农经部门负责本行政区域内家庭农场的认定工作。

家庭农场经营者应当是依法享有农村土地承包经营权的农户，以家庭承包和流转土地为主要经营载体。特别提出家庭农场要以家庭成员为主要劳动力，常年雇工数量不超过家庭务农人员数量，农业净收入占家庭农场总收益的比例要达到80%以上。同时还提出，其领头人应接受过农业技能培训，其经营活动有比较完整的财务收支记录，并对其他农户开展农业生产有示范带动作用。

山西省出台的家庭农场政策规定，申报家庭农场须由家庭农场主填报《山西省家庭农场申报表》，该表须经所在村村民委员会公示无异议后，由村民委员会负责人签字加盖公章才可申报。

家庭农场主向乡镇农经部门申报并提交以下材料。

1. 《山西省家庭农场申报表》；
2. 家庭农场主户口本原件及3份复印件；
3. 土地承包、流转合同书原件及3份复印件。

乡镇农经部门收到申报人提交的申报材料后，对申报材料齐全、符合认定标准的，在5个工作日内签署意见并附相关材料上报县（市、区）农经部门；对于申报材料不全或不符合认定标准的，向申报人说明情况。县（市、区）农经部门对上报材料进行核实，对符合认定标准的，予以认定，颁发《山西省家庭农场证书》，同时录入"山西省家庭农场管理系统"。

尤为值得一提的是，山西各级农经部门将对家庭农场实行动态管理。省级农经部门每年年底发布全省家庭农场名录，进入名录者可享受国家各项扶持政策。家庭农场还需要每三年进行一次资格审核，不符合标准的将予以注销。

【经典案例】

河南省孟津县农民获准开办河南省首个家庭农场字号

2月28日，河南省孟津县农民陆利峰在孟津县工商局拿到了"洛阳河之南家庭农场"个人独资企业营业执照。孟津县会盟镇台荫村的陆利峰很注重利用高科技种田，他的责任田产量高，是村里的"种田好手"。

2013年年初，陆利峰听说中央出台一号文件，支持普通农民承包大片土地，进行大规模经营，开办家庭农场。"光是原先的那点儿责任田，种得再好收入也多不到哪儿去。如果能够承包一大片土地，按照自己理念去规划，肯定行！"陆利峰把这个想法告诉了在县城做生意的姐夫。

恰好，他的姐夫得知孟津县政府为鼓励发展家庭农场等新型农村市场主体专门提出了"特色农业行动计划"，便鼓励陆利峰开办家庭农场，建议其在大规模发展传统农业的同时，做休闲旅游项目。

最终，陆利峰和台荫村村委会签订租赁协议，承包了紧临孟津万亩荷塘的500亩黄河滩地，并向孟津县工商局申请办理营业执照。

孟津县工商局注册科负责人李军伟说，由于从未办过此类营业执照，2月20日，他们接到陆利峰的申请时还犯了难。"我们赶紧向市工商局汇报，市工商局也没办过，所以又向省工商局汇报。"之后才得知，陆利峰是全省首个向工商部门申请注册登记家庭农场的人。

经过紧张协商，孟津县工商局在2月26日出台了《孟津县工商局关于扶持家庭农场等新型农村市场主体发展方案》（以下简称《方案》），在推进"合同帮农"、强化"商标富农"、创新"红盾护农"等方面为家庭农场等新型农村市场主体的发展制定了一系列的优惠政策。

2月28日，孟津县工商局通过了对陆利峰申请的审核，为其办理了"洛阳河之南家庭农场"个人独资企业营业执照。

——记者申利超，特约记者郑占波，通讯员赵梅香.洛阳网－洛阳晚报，2013－03－04

三、注册登记

针对部分地方曾出现的家庭农场登记注册名称混乱现象，根据《指导意见》要求，申请注册登记的家庭农场名称必须有统一规范。例如，申请登记为个体工商户类型的家庭农场，依据《个体工商户条例》及相关规定办理登记，个体工商户家庭农场名称统一规范为"行政区划＋字号＋家庭农场"；申请登记为有限责任公司类型的家庭农场，依据《中华人民共和国公司法》及相关规定办理登记，公司制家庭农场名称统一规范为"行政区划＋字号＋家庭农场＋有限（责任）公司组织形式"或"行政区划＋字号＋行业＋家庭农场＋有限（责任）公司组织形式";也可以申请登记为个人独资企业或者合伙企业。

申请注册登记的家庭农场名称必须有统一规范。家庭农场与一些养殖、种植大户不同,家庭农场有营业执照,可通过开展经营活动,提高自身知名度,随后通过申请注册商标的方式,形成自有品牌。家庭农场在申请注册商标后,其品牌效应会随着品牌知名度提升而不断增强。

我国幅员辽阔,地貌、气候土壤类型及其组合方式复杂多样,农产品品种丰富,许多产品品质独特,具有丰富的地理标识资源和建立农产品品牌的天然条件。家庭农场的名号可以采取当地有名的山川河流、家庭农场的经营者、特色种植养殖加工等方法命名。

思考题

1. 简述家庭农场的创办条件。
2. 简述建立家庭农场的程序。

第四章 家庭农场的项目建设

第一节 家庭农场的项目概述

家庭农场的发展与成长离不开家庭农场成员自身的拼搏和努力,但自身力量毕竟有限,如果能获得国家农业资金的支持,就能更有效地为家庭农场注入动力,增强活力。因此,家庭农场对项目及项目建设应该有必要的了解,并有针对性的争取。

项目一般指同一性质的投资或同一部门内一系列有关或相同的投资,或不同部门内一系列投资。具体项目是指按照计划进行的一系列活动,这些活动相互之间是有联系的,并且彼此间协调配合,其目的是在不超过预算的前提下,在一定的期限内达成某些特定的目标。

农业项目,泛指农业方面分成各种不同门类的事物或事情包括物化技术活动、非物化技术活动、社会调查、服务性活动等。在农村、农业、农民的实际工作中,拥有数以万计的各种类型、内容不同、形式多样、时限有长有短的农业项目,包括每年新上的项目、延续实施的项目和需要结题的项目等。

一、项目分类

农业项目依据其性质区分,一般有两大类,一类是生产项目,另一类是农业科技推广项目。

(一) 农业生产项目

农业生产项目，主要是指在农、林、水、气等部门中，为扩大农业方面长久性的生产规模，提高其生产能力和生产水平，能形成新的固定资产的经济活动。

(二) 农业科技推广项目

农业科技推广项目，主要是指国家、各级政府、部门或有关团体、组织机构或科技人员，为使农业科技成果和先进实用技术尽快应用于农业生产，保障农业的发展，加快农业现代化进程，并体现农业生产的经济效益、社会效益和生态效益而组织的某一项具体活动。

二、项目选择

家庭农场应根据自身条件、定位，善于选择国家政策扶持的项目。

(一) 项目选择依据

（1）市场需要。在农业生产经营和技术推广过程中，有时生产经营能力不能适应发展的需要，其生产的农产品并非市场所急需、或某类农产品有供过于求、或农产品附加值太低的问题，因此需要充分考察国内外市场的需求状况，确定目标市场，并对目标市场进行细分，进而实施不同的农业项目，达到增产增收或其他推广目标。

（2）社会发展需要。从广义上讲，社会发展就是社会进步。从狭义上讲，社会发展是从传统社会向现代社会的变迁过程。单纯的经济增长不等于社会发展，它包括经济发展、社会结构、人口、生活、社会秩序、环境保护、社会参与等若干方面的协调发展。最主要的是人的发展、现代科技的普及等。

因此，在农业生产经营和技术推广活动中必须有计划、分步骤地开展各种各样的项目实施工作，即以不同的项目有计划、有目的地提高生产经营能力，对新成果进行传播和应用，实现提高农业生产水平。

（二）农业生产项目分类

1. 现代农业生产发展资金项目

现代农业生产发展资金主要用于支持各地稳定发展粮油战略产业，加快发展蔬菜等十大农业主导产业，促进粮食等主要农产品有效供给和农民持续增收。现代农业生产发展资金的支持对象有农民专业合作社、家庭农场、专业种养大户，与农民建立紧密利益联结机制直接带动农民增收的农业龙头企业等现代农业生产经营主体，开展农技推广应用的农技推广机构以及粮食生产功能区建设主体。优先支持对推进村级集体经济发展壮大有较大作用的主体。现代农业生产发展资金主要支持以下关键环节。

基础设施建设：项目区土地平整、土壤改良，主干道、作业道、蓄水灌溉、田间水利，滴喷灌设施、大棚温室、育苗设施，高标准鱼塘改造、浅海养殖设施、新型网箱、水处理设施，标准化养殖畜禽舍，养殖专用生产设施及防疫设施，"两区"生产配套服务设施等基础设施建设。

设备购置：农（林、渔）业机械，质量安全检测检验仪器设备，农产品产地加工、贮藏、保鲜、冷藏等设备购置。

技术推广：良种引进推广、繁育，品种优化改良，先进实用技术和生态循环农业发展模式推广应用与技术培训和示范。

现代农业生产发展资金在加大对种子种苗、科技推广、机械化、产业化与合作经营机制培育、基础设施建设等扶持力度的同时，根据不同产业，重点支持以下具体内容。

粮油产业（主要包括水稻、小麦、玉米、油菜、木本油料等产业）：重点支持基础设施、土壤改良和"三新"技术推广示范、粮食生产高产创建等。

蔬菜产业：重点支持"微蓄微灌"和大棚设施建设等。

茶叶产业：重点支持标准茶园建设和初制茶厂优化改造等。

果品产业（主要包括柑橘、杨梅、梨、桃、葡萄、枇杷、李、蓝莓等产业）：重点支持精品果品基地建设和产后处理等。

畜牧产业（主要包括猪、牛、羊、禽类等产业）：重点支持标准化生态循环养殖小区建设和良种引进等。

水产养殖产业（主要包括鱼类、虾蟹类、龟鳖类、珍珠、海水贝藻类等产业）：重点支持高标准鱼塘、新型网箱、节能温室、浅海养殖等基础设施建设和设备购置，以及稻田养鱼、水产健康养殖示范基地、水产品新品种新技术推广等。

竹木产业：重点支持林区道路等基础设施建设和竹木高效集约经营利用项目等。

花卉苗木产业：重点支持大棚等设施设备和产品推广等。

蚕桑产业：重点支持蚕桑优化改造和种养加工设施等。

食用菌产业：重点支持集约化生产基地和循环生产模式等。

中药材产业：重点支持药材规范化基地建设和产地加工等。

2. 财政农业专项资金项目

财政农业专项资金项目是为进一步推进粮食生产功能区、现代农业园区和基层农业公共服务中心建设，保障农业现代化行动计划顺利实施而设立的，通过强化资金集聚和项目带动，推动农业生产规模化、产品标准化、经济生态化。支持对象有规范化农民专业合作社、家庭农场、专业大户、国有农场、村经济合作社、与农民建立紧密利益联结机制的农业龙头企业等生产经营主体，以及开展农技推广应用的推广机构。

（三）农业科技推广项目分类

1. 星火计划

星火计划是依靠科技进步、振兴农村经济、普及科学技术、带动农民致富的指导性科技计划，是国民经济和社会发展计划及科技发展计划的一个重要组成部分。

星火计划的宗旨是：坚持面向农业、农村和农民；坚持依靠技术创新和体制创新，促进农业和农村经济结构的战略性调整和农民增收致富；推动农业产业化、农村城镇化和农民知识化，加速农村小康建设和农业现代化进程。

星火计划的主要任务是：以推动农村产业结构调整、增加农民收入，全面促进农村经济持续健康发展为目标，加强农村先进适用技术的推广，加速科技成果转化，大力普及科学知识，营造有利于农村科技发展的良好环境。围绕农副产品加工、农村资源综合利用和农村特色产业等领域，集成配套并推广一批先进适用技术，大幅度提高农村生产力水平。

2. 农业科技成果转化资金项目

农业科技成果转化资金项目是指由科技部门和财政部门共同实施、农业部门负责监理的项目，支持对象主要是农业科技型企业。转化资金根据农业科技成果转化地域性强、周期长、风险大的特点，支持有望达到批量生产和应用前景的农业新品种、新技术和新产品的区域试验与示范、中间试验或生产性试验，为农业生产大面积应用和工业化生产提供成熟配套的技术。支持重点是动植物新品种（或品系）及良种选育、繁育技术、成果转化；农副产品贮藏加工及增值技术成果转化；集约化、规模化种养殖技术成果转化;农业环境保护、防沙治沙、水土保持技术成果转化;农业资源高效利用技术成果转化;现代农业装备与技术成果转化。

3. 科技发展计划

科技发展计划是政府直接参与,实现科技和经济发展目标的有力手段;是政府通过资金运用和政策调控,开发先进适用的农业科学技术,并把这些技术引向农村,引导亿万农民依靠科技发展农村经济,促进农村劳动者整体素质的提高,推动农业和农村经济持续、快速、健康发展。

第二节 家庭农场项目的申报与管理

一、家庭农场项目的申报

(一) 申报前的准备

项目主管部门在发布项目指南后,相关农业企业(包括家庭农场)对照指南要求,开始前期准备工作,填写项目申请书,并进行可行性分析研究和论证评估。提交项目申请书后,有的项目还应按照要求准备答辩。为了提高项目申报的成功率,申报单位对所申报的项目,应集思广益,聘请有关专家,参照有关规定和指南进行认真地论证,并积极修改项目申报的相关材料。申报前的论证,关系申报的成败,必须积极、认真,坚持实事求是。

(二) 明确项目承担单位条件

农业项目需要具体的承担单位来执行并完成,项目承担单位的条件如下。

(1) 领导重视。承担单位领导对项目的实施非常重视,愿意承担项目的实施工作。

(2) 有较完善的组织机构。承担单位必须是农业经营主体,内部管理机构完善,分工明确,人员配备完整。

(3) 有较强的技术力量和必要的仪器设备。承担单位的技术依托单位技术力量较强,技术人员有与项目相关的专业知识,技术水平较高,有承担项目实施的经验。同时,有与项目实施要求相适应的仪器设备,能完成项目的实施任务。

(4) 有一定的经济实力。农业项目的实施,除项目下达单位拨付一定经费外,往往还需要承担单位配套相应的经费。因此,承担单位必须有一定的经济实力,才能完成项目实施任务。

(5) 有较强的协调能力。有的项目一个单位完成有一定的困难,需要其他相关单位配合才能完成。因此,在有多个单位一起参与的情况下,主持(承担)单位必须具有较强的协调能力,指挥协作单位共同完成项目任务。

(三) 明确项目承担单位和申请人的职责

项目主持人(负责人)一般应由办事公正、组织协调能力较强、专业技术水平较高的行家担任。项目主持单位和项目主持人(负责人),能牵头做好以下工作。

(1) 编写《项目可行性研究报告》,并根据专家论证意见修改、补充,形成正式文本。

(2) 搞好项目组织实施、组织项目交流、检查项目执行情况。每年年底前将上年度项目执行情况报告、统计报表及下年度计划,报项目组织部门审查。

(3) 汇总项目年度经费的预决算。

(4) 负责做好项目验收的材料准备工作。

(5) 传达上级主管部门有关项目管理的精神，反映项目实施过程中存在的问题，提出相应的解决意见，报项目组织部门审核。

（四）项目申报材料的一般格式

（1）农业生产项目的申报材料一般有项目可行性研究报告和财政申报文本两种。

①农业项目可行性研究报告的一般格式和要求如下。

项目摘要。项目内容的摘要性说明，包括项目名称、建设单位、建设地点、建设年限、建设规模与产品方案、投资估算、运行费用与效益分析等。

项目建设的必要性和可行性。

市场（产品）供求分析及预测。主要包括本项目区本行业（或主导产品）发展现状与前景分析、现有生产能力调查与分析、市场需求调查与预测等。

项目承担单位的基本情况。包括人员状况，固定资产状况，现有建筑设施与配套仪器设备状况，专业技术水平和区域示范带动能力等。

项目地点选择分析。项目建设地点选址要直观准确，要落实具体地块位置并对与项目建设内容相关的基础状况、建设条件加以描述，不可以项目所在区域代替项目建设地点。具体内容包括项目具体地理位置（要有平面图）、项目占地范围、项目资源及公用设施情况、地点比较选择等。

生产工艺技术方案分析。主要包括项目技术来源及技术水平、主要技术工艺流程、主要设备选型方案比较等。

项目建设目标。包括项目建成后要达到的生产能力目标、任务、总体布局及总体规模。

项目建设内容。项目建设内容主要包括土建工程、田间工程（指农牧结合的）、配套仪器设备等。要逐项详细列明各项建设内容及相应规模。土建工程：详细说明土建工程名称、规模及数量、单位、建筑结构及造价。建设内容、规模及建设标准应与项目建设属性与功能相匹配，属于分期建设及有特殊原因的应加以说明。水、暖、电等公用工程和场区工程要有工程量和造价说明。田间工程：建设地点相关工程现状应加以详细描述，在此基础上，说明新（续）建工程名称、规模及数量、单位、工程做法、造价估算。配套仪器设备：说明规格型号、数量及单位、价格、来源。对于单台（套）估价高于 5 万元的仪器设备，应说明购置原因及理由和用途。对于技术含量较高的仪器设备，需说明是否具备使用能力和条件。配套农机具：说明规格型号、数量及单位、价格、来源及适用范围。大型农机具，应说明购置原因及理由和用途。

投资估算和资金筹措。依据建设内容及有关建设标准或规范，分类详细估算项目固定资产投资并汇总，明确投资筹措方案。

建设期限和实施的进度安排。根据确定的建设工期和勘察设计、仪器设备采购、工程施工、安装、试运行所需时间与进度要求，选择整个工程项目最佳实施计划方案和进度。

土地、规划、环保和消防。需征地的建设项目，项目可行性研究报告必须附国土资源部门核发的建设用地证明或项目用地预审意见。需要办理建设规划报建以及环评和消防审批的，附规划部门以及环保、消防部门意见。

项目组织管理与运行。主要包括项目建设期组织管理机构与职能，项目建成后组织管理机构与职能、运行管理模式与运行机制、人员配置等；同时要对运行费用进行分析，估算项目建成后维持项目正常运行的成本费用,并提出解决所需费用的合理方式方法。

效益分析与风险评价。对项目建成后的经济效益与社会效益测算与分析。特别是对项目建成后的新增固定资产和开发、生产能力,以及经济效益、社会效益等进行量化分析。

有关证明材料。各种附件、附表、附图及有关证明材料应真实、齐全。

②农业财政资金项目申报标准文本的一般格式和要求如下。

农业财政资金项目申报标准文本为表格式文本,按其具体要求逐一填写。主要有以下内容。

基本信息:包括项目名称、资金类别、项目属性、总投资、其中申请财政补助、项目单位名称等。

项目可行性研究报告摘要:包括项目与项目单位概况(项目基本情况:立项背景、建设目标等;项目单位情况:近两年财务状况、技术条件和管理方式等)、投资必要性分析(是否符合产业政策、行业和地区发展规划;资源优势及其与当地主导产业关系;促进当地经济发展和农民增收作用)、市场分析(项目主要产品种类、生产和销售情况;主要产品的市场供需状况及发展趋势;主要产品的市场定位与竞争力)、生产、建设条件分析(项目所在地自然资源条件、社会经济条件;交通、水、电、通信等基础设施与配套设施)、建设方案(项目实施地点、范围和实施计划;建设内容和技术方案;项目运作机制和组织落实)、财政补助资金支持环节、投资估算与资金筹措、主要财务指标、社会效益分析、示范带动作用、促进农民增收、公共服务覆盖范围、生态环境影响、结论。

项目评审论证表和申报项目审核表。

(2) 农业科技推广项目的申报材料一般包括项目申请表、

项目可行性报告、承诺书及有关附件材料等。

项目可行性报告的一般格式和要求如下。

项目概况，国内外同类研究情况（包括技术水平）；技术（产品）市场需求、经济、社会、生态效益分析；项目主要研究开发内容、技术关键；预期目标（要达到的主要技术经济指标；自主知识产权申请拥有设想）；项目现有技术基础和条件（包括原有基础、知识产权情况、技术力量的投入、科研手段等）；实施方案（包括技术路线、进度安排）；项目预算（包括经费来源及用途）；申请单位概况（包括企业规模、技术力量、设备和配套情况、企业资产及负债情况）；项目负责人及主要参加人员简历等。

（五）项目的立项程序

申报农业项目，首先要由承担单位，主要是农村家庭农场等经济实体根据项目申报指南要求，选择符合自身实际要求的项目，填报申请表及项目可行性报告，分别通过网上和书面两条途径向项目主管部门申报。项目主管部门接到申报材料后，将组织相关专家进行综合评价，有的还要进行实地考察，有的项目初评结果还将在网上进行公示，公示期限内无异议的正式立项，并签订项目合同或下达项目计划任务书。

二、项目管理的内容和方法

（一）项目管理概述

项目管理就是应用系统的方法，对项目的拟定立项、实施执行、成果评价、申报归档等各个阶段工作的实践活动、连接与配合进行有效地协调、控制与规范行为，以达到预期目标的活动过程。

项目管理与管理的性质一样,具有二重性,即自然属性和社会属性。

管理的自然属性,表明了凡是社会化大生产、产业化、规模化的劳动过程,都需要管理,管理的这种自然属性主要取决于生产力发展水平和劳动社会化程度,而不取决于生产管理的性质;管理的社会属性表明了一定生产关系下管理的实质,这种社会属性,随着生产关系的变化而变化,因而它是管理的特殊属性。例如,农业项目的管理对象,是参加项目实施的广大科技人员及农业劳动者,他们是项目的主人,项目的实施过程是他们直接参与的过程,也是项目决策的参与者,通过各种方法,如经济方法、行政方法、法律方法,充分调动他们直接参与的积极性、主动性和能动性,自觉地规范行为,实现项目的预定目标。

(二)项目管理内容

(1)项目申报立项管理。主要是项目组织单位的管理工作,其具体内容包括下达项目的编写大纲或申报指南,接受申报,组织专家对申报项目进行可行性研究,做出决策,否定或批准立项,下达项目计划并执行。

(2)项目实施管理。具体的内容包括层层签订合同,对实施方案与计划执行管理、对实施单位的人、财、物管理,检查、反馈与调整等,这一阶段的管理工作包括有高层管理、中层管理和基层管理的交叉,需要互通信息、密切配合、协调共进,保证项目的顺利实施。

(3)项目验收与鉴定管理。其具体内容包括资料整理、总结工作的管理,对经项目承担单位申请、项目组织单位组织项目验收与鉴定工作的管理,对农业科技推广项目成果报奖及材料归档的管理工作等。

(三) 项目管理方法

(1) 分级管理。项目组织部门根据各自的情况制定各自的项目计划，这些项目，一般按下达的级别进行管理。省、市、县级项目组织部门分别管理跨市、跨县、跨乡的项目。承担上级的项目，执行中的修正方案要报上级管理部门批准；项目结束后，档案材料正本要交上级管理部门，自己只留副本。

(2) 分类管理。在各级部门管理的项目中，一般分为农、林、牧、渔项目，隶属各部门管理，部门内再按专业划分，以便于按照各专业的特点，采取不同的管理办法组织实施。

(3) 封闭式管理。每个农业项目的管理，从目标制定、下达部署、组织执行、反馈修改方案，直至实现目标，必须形成一个封闭的反馈回路，称为封闭式管理。项目管理中如果有头无尾或只有方案没有反馈，不按照项目程序进行，就很难达到预定目标。

(4) 合同管理。项目计划下达后，项目下达部门可与下级部门逐级签订合同书，将项目实施目标、技术经济指标、完成时间、需要的经费和物资、考核验收办法、奖惩办法等写入合同，经各方签字后生效。

第三节　家庭农场农产品加工项目建设

一、优势农产品加工业发展规划

(一) 遵循的主要原则

市场导向原则。瞄准国内国际两个市场，立足市场对农产品及其加工品的消费需求,重点发展有比较优势和有特色的农产品加工业,发挥规模效益。

产业化经营原则。发展壮大农产品加工的龙头企业,培育一批市场竞争力强的新型市场主体,促进农产品加工企业与原料基地紧密结合、上下游产品有机衔接、产加销一体化经营。

科技创新原则。加大农产品加工的技术攻关和技术创新力度,大力引进和自主开发高新技术、设备和工艺,加快企业技术改造步伐,提高产品质量和档次。

可持续发展原则。坚持高标准、严要求,采用先进工艺和技术,切实推行清洁生产,保护生态环境,推动经济、社会、环境协调发展。

鼓励投入多元化原则。按照"谁投资,谁开发,谁受益"的原则,引导各类资金发展农产品加工业,实行投资渠道的多元化。

加强宏观指导原则。通过制定和实施农产品加工业发展规划、政策,引导农产品加工业合理布局,提高农产品加工的现代化水平。

(二)确定发展思路与目标

依据国内外农产品加工业发展趋势,加快农业资源的开发利用;依托优势农产品基地,实行大中小型加工企业合理布局,重点扶持大中型加工企业发展;依靠科技进步,着力提高农产品综合加工能力,逐步实现农产品由初级加工向高附加值精深加工转变,由资源消耗型向高效利用型转变;推进农产品加工原料生产基地化、产加销经营一体化、农产品及其加工制成品优质安全品牌化,不断提高农业的综合效益和竞争力,促进国民经济持续健康发展。

二、优势农产品加工业的主要领域

农产品优势具有区域性，不同省份有不同的优势农产品。因此，家庭农场要发展优势农产品必须结合当地实际情况做出决策。如湖南省是传统农业大省，农业资源十分丰富，自古就有"湖广熟，天下足"的美誉。湖南省主要农产品中，水稻、柑橘、苎麻、油茶产量均居全国第一位；生猪出栏量居全国第二位，外销量居全国第一位；禽蛋、淡水鱼、棉花、茶叶等农产品产量也在全国占有重要地位。湖南省农产品加工业的资源条件得天独厚，加工增值潜力巨大。

再如某地农产品加工业发展重点为粮食、畜禽、果蔬、油料、茶叶、水产品、棉麻、竹木加工等八大主导产业，重点打造粮食、畜禽、果蔬加工三大产业，发展培育一批年产值过数亿元的龙头企业。因此，该地家庭农场的规划与建设必须结合农产品优势产业发展规划，以上述重点发展产业为依托，延伸产业链条，建设成为优势产业的生产基地、加工基地。

三、家庭农场农产品加工项目建设要点

（1）总体概述。介绍加工项目名称和项目概述；产品需求与产品销售；产品方案与生产规模；生产方法；主要原料与水电供应；环境保护；总投资与资金来源；经济效益、社会效益分析。

（2）项目背景与发展概况。简要介绍加工项目的产生背景和项目发展前景分析。

（3）市场需求与建设规模。市场需求现状；建设规模。

（4）建设条件。资源；主要原、辅助材料；建厂条件：水、电、气象、公共设施、水文条件等。

(5) 工程技术方案:

①生产技术方案:产品采用的质量标准、技术方案选择、工艺流程、主要原材料、动力消耗指标。

②总平面布局与运输。

(6) 环境保护。对环境影响预测;设计采用的标准;环境保护及处理措施。

(7) 劳动人员培训。加强对农产品加工技能、食品生产相关法律法规、生产流程与要求以及卫生要求等方面的培训。

(8) 实施进度。选址、建厂、购置设备、安装生产线、原材料供应等方面的时间安排。

(9) 投资估算与资金筹措。农产品加工场需要的投资估算及资金的筹集方式。

(10) 产品成本估算。农产品加工成本、包装成本、工人工资、机器设备损耗折旧以及场地租金等方面的费用估算。

(11) 财务、经济评价。对农场正常运营进行财务、经济评价,投入产出分析等。

第四节 投资估算

实施投资估算,可以合理挖掘现有资源潜力,选出最佳预算方案,减少决策盲目性和降低风险。加强财务管理,把预算作为控制各项业务和考核绩效的依据,以此协调各部门、各环节的业务活动,减少或消除可能出现的矛盾,使农场经营保持最大限度的平衡。本节以某一休闲家庭农场的投资估算为例。

一、投资估算依据

依据国家、省和当地政府有关文件,并结合项目实际情况进行估算。

二、项目建设投资估算

（1）项目固定资产投资。建筑工程费、设备购置费、其他工程费、工程预备费、建设单位管理费、工程勘察设计费、工程监理费、临时施工费（表4-1、表4-2）。

表4-1 投资估算表（1）　　（单位：万元）

序号	项目名称	工程费用	设备费用	安装费用	其他费用	合计	工程指标 单位	工程指标 数量	工程指标 造价	备注
	第一部分									
1	租地费用						亩			X年
2	餐饮区						栋			
3	果园						亩			
4	温室大棚						间			
5	人行步道						m			
6	石砌挡墙						m			
7	排灌渠						m			
8	木屋别墅						栋			
9	多功能馆						m²			X层
10	员工宿舍						栋			X层
11	景观品茗						座			
12	公共厕所						座			
13	垂钓区						亩			
14	棋茶艺社						栋			X层
15	停车场						个			
16	果农场						亩			
17	植树						株			
18	水井						座			
19	供电通讯									
20	路灯亮化									
21	苗木									
22	草坪									
	合计									

表4-2 投资估算表（2） （单位：万元）

序号	项目名称	工程费用	设备费用	安装费用	其他费用	合计	工程指标			备注
							单位	数量	造价	
	第二部分									
1	建设单位管理费用									
2	工程勘察设计费用									
3	监理费用									
4	临时施工									
5	办公生活家具购置									
	合计									
	预备费用									
	总计									

（2）流动资金估算。流动资金估算按详细估算法计算。详见表4-3。

（3）项目总投资。项目总投资估算包括固定资产、有形资产、无形资产、递延资产、预备费用以及流动资金。

表4-3 流动资金估算表（3） （单位：万元）

项目	合计	第1周年	第2周年	第3周年	第4周年	第5周年	第6周年	第7周年	第8周年	第9周年	第10周年
流动资产											
应收账款											
存货											
现金											
流动负债											
应付账款											
流动资金											
流动资产本年增加											

三、流动资金详细估算法

流动资金的显著特点是在生产过程中不断周转，其周转额的大小与生产规模及周转速度直接相关。详细计算法是根据周转额与周转速度之间的关系，对构成流动资金的各项流动资产和流动负债分别进行估算。计算公式为：

流动资金 = 流动资产 + 流动负债

流动资产 = 应收账款 + 存货 + 现金

流动负债 = 应付账款

流动资金本年增加额 = 本年流动资金 - 上年流动资金

估算的具体步骤，首先计算各类流动资产和流动负债的年周转次数，然后再分项估算占用资金额。

1. 周转次数计算

周转次数是指流动资金的各个构成项目在一年内完成多少个生产过程。

周转次数 = 360/最低周转天数

存货、现金、应收账款和应付账款的最低周转天数可参照同类企业的平均周转次数并结合项目特点确定。又因为：

周转次数 = 周转额/各项流动资金平均占用额

如果周转次数已知，则：

各项流动资金平均占用额 = 周转额/周转次数

2. 应收账款估算

应收账款是指企业对外赊销商品、提供劳务而占用的资金。应收账款的周转额应为全年赊销销售收入。在可行性研究时，用销售收入代替赊销收入。计算公式为：

应收账款 = 年销售收入/应收账款周转次数

3. 存货估算

存货是企业为销售或生产耗用而储备的各种物资，主要有原材料、辅助材料、燃料、低值易耗品、维修备件、包装物、在产品、自制半成品和产成品等。

为简化计算，仅考虑外购原材料、外购燃料、在产品和产成品，并分项进行计算。计算公式为：

存货＝外购原材料＋外购燃料＋在产品＋产成品

外购原材料占用资金＝年外购原材料总成本/原材料周转次数

外购燃料＝年外购燃料/按种类分项周转次数

在产品＝（年外购材料、燃料＋年工资及福利费＋年修理费＋年其他制造费）/在成品周转次数

产成品＝年经营成本/产成品周转次数

4. 现金需要量估算

项目流动资金中的现金是指货币资金，即企业生产运营活动中停留于货币形态的那部分资金，包括企业库存现金和银行存款。计算公式为：

现金需要量＝（年工资及福利费＋年其他费用）/现金周转次数

年其他费用＝制造费用＋管理费用＋销售费用－（以上各项费用中所含的工资及福利费、折旧费、维修费、摊销费、修理费）

5. 流动负债估算

流动负债是指在一年或超过一年的一个营业周期内，需要偿还的各种债务。

在可行性研究中，流动负债的估算只考虑应付账款一项。

计算公式为：

应付账款 =（年外购原材料 + 年外购燃料）/应付账款周转次数

根据流动资金各项估算结果，编制流动资金估算表。

第五节　财务评价

财务评价是根据财务估算提供的报表和数据来编制基本财务表，分析计算投资项目整个生命周期发生的财务效益和费用，计算评价指标，考察项目财务状况，判断项目的财务可行性。财务评价是投资项目的财务分析核心，也是决定项目投资与否的重要决策依据。主要包括：收集和估算财务数据、编制财务基本报表、进行财务评价、进行不确定性分析等四个步骤。下面以某一家庭农场为例予以说明。

一、评价依据

依据国家现行的财会税务制度对项目进行财务评价。

二、基本数据计算与表格

1. 计算期的确定

项目建设期为 x 年，项目计算期拟定为 y 年，其中，第一年至第 x 年为建设期，第 $(x+1)$ 年开始产生营业收入。

2. 营业收入、营业税金及附加估算

项目营业收入来源为旅游门票收入、（绿色）产品销售收入及相关旅游服务等方面的收入。详见表 4-4。

表4-4 营业收入、营业收入税金及附加计算表

(单位：元)

项目	1	2	3	4	5	6	7	8	9	10
营业收入合计										
税金附加合计										
游客量（万人）										
收入（元/人）										
营业收入										
产品销售										
税率										
营业税金附加										
营业税										

3. 总成本费用估算

（1）工资及福利。该项目费用按职工总数乘以年工资及福利费指标，工资乘以养老保险、失业保险、医疗保险和住房基金指标，两项合并计算构成。

（2）折旧及摊销。折旧与摊销采用平均年限法，建筑物折旧年限按25年计算，机械设备折旧年限按13年计算，残值率按计算，递延资产摊销按10年计算。详见表4-5。

表4-5 固定资产折旧及无形资产、递延资产摊销估算表

项目	折旧年限	1	2	3	4	5	6	7	8	9	10
建筑工程	25										
原值											
折旧费											
净值											
设备	13										

(续表)

项目	折旧年限	1	2	3	4	5	6	7	8	9	10
原值											
折旧费											
净值											
其他资产	10										
原值											
折旧费											
净值											
无形、延递	10										
原值											
摊销费											
净值											
固定资产合计											
折旧费											
净值											

（3）修理及道路维护费。该项费用计算方法按占固定资产原值的比率和道路维护费用计算。

（4）其他管理费用。其他管理费用为农场日常管理所发生的办公费、差旅费、日常维护、旅游宣传等相关费用。总成本费用详见表4-6。

表4-6 成本与费用估算表 （单位：万元）

项目	合计	1	2	3	4	5	6	7	8	9	10
工资											
修理及维护											
折旧摊销费											

(续表)

项目	合计	1	2	3	4	5	6	7	8	9	10
利息											
其他费用											
总成本费用											
固定成本											
可变成本											
经营成本											

4. 利润估算及分配

利润总额 = 营业收入 − 总成本 − 营业税金及附加

依据现行财税制度，项目缴纳企业所得税，税率为 $x\%$

企业所得税 = 应纳税所得额 × 税率

税后利润 = 利润总额 − 企业所得税

详见表 4 − 7。

表 4 − 7　损益表　　　（单位：万元）

项目	合计	1	2	3	4	5	6	7	8	9	10
营业收入											
营业税、附加费用											
总成本费用											
利润总额											
所得税											
税后利润											
盈余公积金											
公益金											
未分配利润											

5. 财务盈利能力分析

反映企业盈利能力的指标主要有销售毛利率、销售净利率、成本利润率、总资产报酬率、净资产收益率、资本保值增值率和财务内部收益率等。

(1) 销售毛利率。销售毛利率是销售毛利与销售收入之比,其计算公式如下:

销售毛利率(%)=销售毛利/销售收入×100

其中:

销售毛利=主营业务收入(销售收入)-主营业务成本(销售成本)

(2) 销售净利率。销售净利率是净利润与销售收入之比,其计算公式为:

销售净利率(%)=净利润/销售收入×100

(3) 成本利润率。成本利润率是反映盈利能力的另一个重要指标,是利润与成本之比。成本有多种形式,但这里的成本主要指经营成本,其计算公式如下:

经营成本利润率(%)=主营业务利润/经营成本×100

其中:

经营成本=主营业务成本+主营业务税金及附加

(4) 总资产报酬率。总资产报酬率是企业息税前利润与企业资产平均总额的比率。由于资产总额等于债权人权益和所有者权益的总额,所以该比率既可以衡量企业资产综合利用的效果,又可以反映企业利用债权人及所有者提供资本的盈利能力和增值能力。

其计算公式为:

总资产报酬率=息税前利润/资产平均总额(%)=(净利

润+所得税+利息费用)/[(期初资产+期末资产)/2]×100

该指标越高,表明资产利用效率越高,说明企业在增加收入、节约资金使用等方面取得了良好的效果;该指标越低,说明企业资产利用效率低,应分析差异原因,提高销售利润率,加速资金周转,提高企业经营管理水平。

(5)净资产收益率。净资产收益率又叫自有资金利润率或权益报酬率,是净利润与平均所有者权益的比值,它反映企业自有资金的投资收益水平。其计算公式为:

净资产收益率(%)=净利润/平均所有者权益×100

该指标是企业盈利能力指标的核心,也是杜邦财务指标体系的核心,更是投资者关注的重点。

(6)资本保值增值率。资本保值增值率是指所有者权益的期末总额与期初总额之比。其计算公式为:

资本保值增值率(%)=期末所有者权益/期初所有者权益×100

如果企业盈利能力提高,利润增加,必然会使期末所有者权益大于期初所有者权益,所以该指标也是衡量企业盈利能力的重要指标。当然,这一指标的高低,除了受企业经营成果的影响外,还受企业利润分配政策的影响。

(7)财务内部收益率。财务内部收益率是反映项目在计算期内投资盈利能力的动态评价指标,它是项目计算期内各年净现金流量现值等于零时的折现率。

6. 投资回收期计算

投资回收期是以项目税前净收益抵偿全部投资所需的时间,可根据财务现金流量表(全部投资所得税前)累计净现金流量栏中的数字计算求得,计算公式为:

投资回收期=(累计净现金流量开始出现正值年份数-

1) +（上年累计净现金流量绝对值/当年净现金流量）

详见表4-8。

表4-8 全投资现金流量表 （单位：万元）

项目	合计	1	2	3	4	5	6	7	8	9	10
现金注入											
营业收入											
回收固定资产余值											
回收流动资金											
现金流出											
建设投资											
流动资金											
经营成本											
营业税金及附加											
所得税											
净现金流量											
累计净现金流量											
税前净现金流量											
累计税前净现金流量											

7. 不确定分析

（1）盈亏平衡分析。以营业收入水平比表示的盈亏平衡点，其计算公式为：

盈亏均衡点（％）=（固定成本/营业收入－营业税金及附加－可变成本）×100

（2）敏感性分析。考虑项目实施过程中一些不确定因素的变化，分别对营业收入、经营成本和固定资产投资做单因素变化对财务内部收益率、投资回收率的敏感性分析（表4-9）。

表4-9 敏感性分析计算表

范围	所得税后						所得税前					
	内部收益率（%）			投资回收期（年）			内部收益率（%）			投资回收期（年）		
	营业收入	营业成本	固资投资	营业收入	营业成本	固资投资	营业收入	营业成本	固资投资	营业收入	营业成本	固资投资
-30%												
-20%												
-10%												
—												
10%												
20%												
30%												

思考题

1. 简述农业生产项目的分类。
2. 简述家庭农场项目的申报。

第五章　家庭农场的生产管理

第一节　家庭农场经营企业化

一、家庭农场经营企业化的含义

家庭农场经营企业化，是指家庭农场经营遵循市场经济规律，以市场为导向，以提高效率、获取利润为目标，运用现代经营理念，实行独立经营、科学管理、企业化的运作过程。它将使农民家庭成为具有自我发展和自我约束能力的更高层次的经济实体。也就是说，家庭农场的企业化经营仍是家庭经营，但其经营活动大体上依据企业原理与方法，将家庭生活和生产经营分开，家庭劳动开始计算生产费用，从而使家庭经营具有协调性、连贯性、系统性，使农户真正成为为卖而买的商品生产者。

家庭农场企业化经营与传统家庭经营的主要区别在于：

（1）经营目标不同。传统家庭经营主要以满足家庭的基本物质消费需求为目标，即满足个体的需要。由于农民家庭需要的多样性，而温饱又是农民最基本的需要，所以，家庭农场经营的内容也呈现出以自给自足为基础的多样性，如种植各种习惯消费的农作物，而主要不是为了交换。市场经济条件下的农民家庭企业化经营已不再是以直接满足自身的物质需要为目标，而是要在承担相应的社会责任,对社会发展做出应有贡献的前提下,以收入最大化为主导目标。

(2)生产导向不同。农民家庭收入最大化的实现要以市场的承认为前提。因此,企业化经营要以市场为导向,而不能以自家的消费为导向;实行"以销定产",市场的供求和价格的变化是农民制订生产计划、分配利用资源的依据。

(3)管理理念不同。传统家庭经营是以传统的经验、技术为主要依托,实行家长制管理,追求物质生产的使用价值。而农民家庭的企业化经营,是以先进的管理理论与方法作指导,充分利用市场信息,进行科学决策;重视供销渠道,正视市场风险,以扩大产品销售量和获取利润为经营过程的出发点;实行科学的计划和管理,追求物质生产的价值,以实现货币收入的最大化。

二、家庭农场经营企业化的条件

家庭农场经营企业化需要政府、社会的支持以及农民自身的努力。其中,政府推动是前提,家庭农场经营制度的创新是关键。

(一)家庭农场经营制度的创新

1. 家庭农场经营制度的内涵

家庭农场经营制度,是指家庭农场经营的行为规则或合约安排,主要由产权制度、交易制度、分配制度构成。

(1)家庭农场经营产权制度是家庭农场经营拥有资产产权的划分、组合、界定、保护和运行的一系列规则,包括所有权制度、占有权制度、支配权制度、使用权制度和受益权制度等。依据产权所依附的财产类别不同,可分为土地产权制度、劳动力产权制度和非土地财产权制度等。

（2）家庭农场经营交易制度是在产权初始界定的前提下，家庭农场经营为完成交易而对产权中各种权能在不同当事人之间所作的进一步细化或重新界定。我国现行家庭农场经营的交易关系可分为：①家庭经营与政府之间借助权威规制的配额交易；②家庭经营与社区合作经济组织之间借助权威规制的管理交易；③家庭经营与市场主体之间法律上平等的市场交易。以上3方面交易制度便构成了家庭农场经营交易制度。

（3）家庭农场经营收益分配制度受产权制度和交易制度的制约，主要包括：租、费制度、其可自行支配纯收入的积累制度和消费制度等，旨在处理好国家、集体、农户之间的经济利益关系，以及积累与消费的关系。

2. 家庭农场经营制度的创新目标

家庭农场经营企业化的总体目标是建立一个"产权明晰、经营自主、决策科学、负担合理"的家庭农场经营制度。具体概括为：农地国家所有，农民家庭永佃，规范经营合作，政社分轨运行，减轻杂乱负担，独立自主经营。

农村经济体制改革客观上要求家庭农场经营制度创新，从结构的整体性、关联性、耦合性出发，在不影响社会经济持续发展的前提下，通过强制或诱导的方式来进行，以新制度取代旧制度，降低制度成本，提高制度效率。

（二）政府提供制度性服务

促进家庭农场经营企业化主要通过3个途径：一是大力发展家庭农场，使一部分具有一定规模和市场占有能力的农户，由家庭经营型向企业经营型转变，促进其管理升级；二是不断提高农民的组织化程度，通过合作社、专业协会、公司＋农户等各种形式,组织农民参与市场竞争,规范农民的市场行为,提高其经营效益;三是全面改造传统农户,在传统家庭经营的基础上,通过宣传、教育,增强农民的市场意识,树立现代经营理念,将企业运作思想和管理模式逐步引入农户,提高其家庭企业化经营的程度。因此,必须强化政府的宏观管理职能,提供以下制度保证。

(1)建立土地产权交易制度,培育和规范农地使用权流转市场。

(2)推行新农业税制。在农地国有永佃、政社分开的基础上,将家庭农场经营负担的名目繁多的租、税、费统一归并为"三位一体"的"新农业税制",取消一切涉及农民的合法或不合法的强制性收费、集资、摊派。从2004年开始,按照五年内取消农业税的总体部署,逐年降低农业税税率。

(3)推行新农业税货币化。新农业税税率是根据地区生产力和农民家庭收入水平合理确定的。同时并制定相应的税源动态管理、征管人员岗位责任制、票据管理、税款报解、税证检查等管理制度。

(4)加强农副产品的市场管理。在逐步放开大宗农产品市场的过程中,政府要加强涉及农民的行政性罚款的监督检查等,让农民自由进入市场,自主选择交易对象,保障农民的合法权益。

三、家庭农场经营企业化管理的内容

(一)经营决策的市场导向

促进家庭经营企业化需要农民家庭引进以下新观念:一是产品服务观念。要改变传统"自给自足"的生产方式,树立产

品服务于社会需求的观念,而不是单纯地满足自给消费。二是产品价值观念,长期以来,尽管家庭农场经营产品是在市场上讨价还价,进行货币交换,但大多数农民并不清楚产品生产成本与价值的关系、价值与价格的关系。在市场经济条件下,引导农民学会成本核算和利润核算十分必要。三是市场竞争观念。在农产品买方市场条件下,各种产品都要通过在市场上的质量竞争、价格竞争和服务竞争实现其价值。因此,家庭农场要加大对产品的科技投入,提高产品质量,以优质取胜;要尽可能节约物资消耗,降低产品成本,以优价取胜;要努力改善服务方式,提高服务质量,以优质服务取胜。同时,引导农民树立信誉竞争观念也很重要。

家庭经营企业化的关键在于科学的经营决策,而科学决策的前提是以市场为导向。家庭农场在进行经营决策时,应以提高农产品商品率为指导思想,针对市场需求变化,组织生产,改过去"以产定销"为"以销定产"的决策模式。

(二) 资金筹措的科学预测

农户要进行生产经营活动,除了有劳动力和承包一定面积的土地外,还必须拥有机械设备、耕畜、种子、肥料等生产资料以及一定数量的现金或存款。这些生产资料的货币表现及其现金或存款统称为农户生产资金。它是农户生产经营活动的经济基础。资金的筹措需要考虑资金需求和来源两个方面。

1. 资金需求

资金需求是对资金需要量的科学预测。一般可以采用以下方法计算:一是按照单位耕地面积所需要的投资额计算;二是按照单位产值(增加值)所占用的资金额计算;三是按照经营规模扩大的速度和经营资金的平均增长速度推算;四是按照农户所需要的固定资金和流动资金的数量来推算。

2. 资金来源

资金来源主要有3个方面：一是自有资金，即家庭经营长期积累的资金；二是借入资金，包括银行贷款、信用合作社贷款以及私人借款等适度负债；三是外来资金，即国家或集体无偿支援或奖励资金。

无论哪种来源的资金，在使用时均应当考虑资金的时间价值和机会成本，合理投资，充分发挥资金的效能。

一般农户经营规模小、经济实力较弱、还债能力有限，因此，在筹集资金时要坚持两个原则：第一，以自身积累为主，外援借款为辅；第二，量力而行，适度举债。尽可能实现资金需求与可能的相对平衡，以体现资金筹措的科学性。

（三）经营要素的优化组合

1. 企业经营要素的内涵

经营要素是企业经营的内部因素，它包括以下3类要素。一是实体性的经营要素，即企业的人员和物资。二者在家庭农场从事物质产品生产或输出劳务的活动中均不可或缺。二是运行性的经营要素，即资金。它是资产的货币表现，并以资金流的形式在企业经营运行中不断地流动。三是运筹性的经营要素，即企业的各种信息，如市场信息、技术信息、政策法规以及企业内部的生产指令、财务报表、规章制度等。它形成企业运行的信息流。

2. 家庭农场经营要素组合

经营要素的组合主要是劳动者与生产资料的组合。因为资金和信息隐含在上述组合过程之中。经营要素组合的实质是正确处理劳动力、劳动资料、劳动对象等生产要素的联结方式和比例关系，合理组织生产力。随着农业市场化进程的加速和家庭经营商品化程度的提高，农户生产要素的组合日益受到价格和产业间比较利益的市场因素的制约。家庭农场经营要实现要素的优化组合，力求成本极小化，必须正确选择要素组合形式。

依据农户自家各生产要素拥有状况及其所占比重的不同，经营要素组合形式大致划分为以下3种类型。

(1) 劳动密集型，指技术装备程度较低、占用人员较多、占用资金较少的经营要素组合类型。具体表现为资金有机构成低，人均占用的固定资产少，劳工费用在产品成本中占较大比重。这种类型适于劳动力资源丰富、资金较少的家庭。

(2) 资金密集型，指技术装备程度较高、占用人数较少、占用资金较多的经营要素组合类型。相对于劳动密集型来说，其资金有机构成高，人均占用的固定资产多，劳工费用在产品成本中所占比重较小。由于资金占用的比重与技术装备程度呈正相关，故资金密集型又称技术密集型。它能够采用先进技术，改进产品质量，降低物资消耗，提高劳动生产率。这种类型适于资金较富余的家庭。

(3) 知识密集型，即强调现代化科学技术成果和科学技术人才应用的经营要素组合类型。具体表现为能运用先进的技术装备与技艺，从事新产品开发，产品具有较高的技术密集度。如作物良种繁育场、种畜场等属于这种类型。随着科学技术的进步和农民自身素质的提高，这种知识密集型的家庭农场经营将会不断出现。

(四) 产品成本核算的效益原则

产品成本是决定家庭农场经营效益及其市场竞争力的最主

要方面。农业生产的不稳定性和复杂性使得成本控制难度加大。家庭农场经营需要借助于成本预测、成本计划、成本核算以及成本分析等环节进行不同形式的成本控制。其中,产品成本核算是基础。所谓成本核算是对生产费用发生和产品成本形成的核算,即把家庭在生产、销售产品过程中所发生的各项费用,按照产品进行记录、汇总、分摊,计算出各种产品的单位成本和总成本等活动的总称。

家庭农场经营的农产品成本核算应遵循以下原则:第一,规定成本开支范围,严格划清各种费用的性质和用途,再将费用计入有关核算对象的相应成本项目;第二,建立完整的原始记录凭证,以保证成本核算的质量,反映真实的成本水平;第三,选用科学的计算方法,以便对产品进行合理计价,发挥成本核算在成本管理中的作用,以体现成本核算的效益原则。

农产品成本核算一般设有下列成本项目。

(1) 人工费用,指农民家庭成员所投入的活劳动价值。

用工的分摊。农产品的生产用工有直接用工和间接用工。直接用工指与某种农作物生产直接有关,并能直接计入该作物成本的用工,如整地、播种、施肥、田间管理用工。间接用工指与几种作物生产有关,需要通过分摊,再分别计入各作物成本的用工,如役畜饲养用工、积肥用工、农业用工等。

用工的计价,即对活劳动耗费的估价。家庭农场成员的用工计价,可按当地集体经济组织统一规定的标准计算,或按附近国有农场工人平均工资水平,或按农业劳动力再生产所必需的生活费用等方式计算。

(2) 物质费用,包括农民家庭生产经营的各种作物所实际耗用的种子、肥料、农药的费用以及机耕、排灌、畜力等作业费,即直接费用。

(3) 共同费用,主要指农业共同费、管理费和其他支出。农业共同费是与作物生产有关、须经过分摊计入作物成本的费用,包括小型农田基本建设支出、小型农具的购置费和修理费、农用物资的仓库折旧费和修理费等。管理费是为管理生产而支付的行政管理方面的费用,如办公用房折旧、修理,办公费、差旅费等。其他支出则有贷款利息支出、上年库存粮食及物质的盈亏、出售产品的差价损失等。以上均为间接费用。其分摊方法有直接用工比例法、工作数量比例法、直接物质消耗比例法和产值比例法等。

通过成本核算和分析,对成本形成及其变动原因进行剖析、评价和总结,揭示成本变动的各种影响因素,以寻求进一步降低成本的途径。

(五) 产品销售的现代营销观念

树立现代市场营销观念,进行有效的产品销售管理,是家庭农场经营企业化的一个重要标志。

家庭农场经营所生产的产品最终要接受市场的检验,实现产品向商品的转化,即在市场上实现其价值的转化。销售管理任务主要包括以下方面。

一是开展市场调查和预测。收集有关商品和市场销售的各种信息,运用科学方法,对产品需求的发展趋势做出预测,为产品生产决策提供依据。

二是编制产品销售计划。根据市场需求预测和农民家庭生产经营条件,合理地确定产品计划的销售数量,以使产品销售及销售收入建立在科学计划的基础上,从而保证销售任务的完成。

三是选择产品销售方式。产品销售方式指产品由生产领域进入流通领域，传送到消费者手中所采用的方式。农民家庭应综合考虑产品的特点、市场环境、消费者要求等因素，有针对性地选择销售方式，继而接受订货，签订销售合同，及时销售产品。

四是组织销售业务工作。包括产品包装、商标、广告、发运、推销等，以沟通供需之间的信息，扩大销售数量。农民家庭应按照市场营销规律，实现其产品的价值。

第二节　家庭农场的种植业生产管理

种植业生产管理是家庭农场生产管理重要内容之一。

一、种植业生产结构优化

种植业是指除林果业以外的以人工栽培的植物生产，包括粮食作物、经济作物、饲料作物、绿肥作物、蔬菜、花卉等农作物的种植生产。种植业是家庭农场的基本生产类型之一。它不仅是农业的主要生产部门，而且为其他部门提供基本原料和生产资料。因此，种植业生产的组织管理是家庭农场的基本管理活动。

【知识链接】

什么是农业生产结构?

农业生产结构亦称农业部门结构，是指一个国家、一个地区或一个家庭农场的农业生产各部门和各部门内部的组成及其相互之间的比例关系。如农业各生产部门中的种植业、林业、牧业、副业、渔业等的组成情况和比重。农业生产结构是农业生产力合理组织（或生产力要素合理配置）和开发利用方面的一个基本问题。其合理与否对农业生产的顺利发展起着十分重要的作用。

（一）农作物种植制度

农作物种植制度是规范化的农业技术措施体系。具体包括轮作制以及与之相适应的土壤耕作制、良种繁育制、施肥制、灌溉排水制、植物保护制等。合理的农作物种植制度应能合理利用当地自然资源，充分发挥劳动力和生产工具的作用，在获得农作物稳产、高产的同时，不断提高土壤肥力，保持农业生态平衡，促进农、林、牧、副、渔全面发展，提高劳动生产率。因此，它是农业生产上带有全局性、长远性的总体部署。

1. 轮作制度

轮作是指按照自然规律和经济规律，将几种农作物在一定土地面积内进行时间上、空间上的合理安排，构成一个有机整体。

2. 良种繁育制度

良种是指在一定条件下，其性能显著优于现有品种的农作物种子。良种繁育制度，是指为培育、生产、推广、经营农作物良种而建立的一整套工作制度。采用良种生产，是一项十分经济有效的增产技术，一般可增产10%左右，高的可达20%~30%。良种繁育制度包括品种选育、品种审定、品种规划、良种繁殖、种子检验、区域试验、良种推广和种子经营调剂等工作。

3. 土壤耕作制度

土壤耕作制度是为农作物生长发育创造适宜的土壤环境而

建立的耕、耙、压等一系列耕作措施的制度。

4. 施肥制度

施肥制度是为供给农作物养分和恢复、提高土壤肥力而建立的关于积肥、造肥、种肥、保肥、运肥和施肥等一整套制度。

5. 灌溉排水制度

灌溉排水制度是在一定气候、土壤、水文、土质等自然条件和农业技术条件下，为调节农田水分状况、获得农作物高产而进行的合理的灌溉排水制度。

6. 植物保护制度

植物保护制度是规范化地防止病虫侵袭，保护农作物正常生长的一系列措施的总称。要做好植物保护工作，必须掌握农作物病虫害的发生、消长、扩散和传播的规律，采取农业的、生物的、化学的、物理的多种防治手段，有效地把病虫对农作物的危害控制在允许的范围之内。植保工作的方针是预防为主、综合防治。

（二）种植业生产结构优化方法

种植业生产结构是指在一定区域内各种作物种植面积占总种植面积的百分比，用以反映各种作物的主次地位、生产规模。研究种植业生产结构，要解决粮食作物、经济作物、饲料作物与其他作物之间的比例关系；粮食作物中要研究粗粮作物与细粮作物、夏粮与秋粮之间的比例关系；在经济作物中要研究油料作物、纤维作物、糖料作物之间的比例关系等。

市场竞争日益激烈，种植业生产要满足社会多样化、高级化的需求，必须要进行结构调整优化。建立合理的生产结构，必须遵循以下原则：市场导向原则、主辅结合原则、用地与养地结合的原则、产业互补原则等。

种植业结构优化主要有3种方法。

1. 内部贡献比较法

从效益最优化考虑,首先安排那些产值高、利润率高的作物;然后考虑其他制约因素影响;最后根据比较分析,作出决定。可以应用内部贡献比较法,借助于内部贡献矩阵,对各种作物的贡献进行排队,如某家庭农场拟种植 A、B、C、D、E 五种作物,各作物在内部贡献矩阵中的位置,如图 5-1 所示。

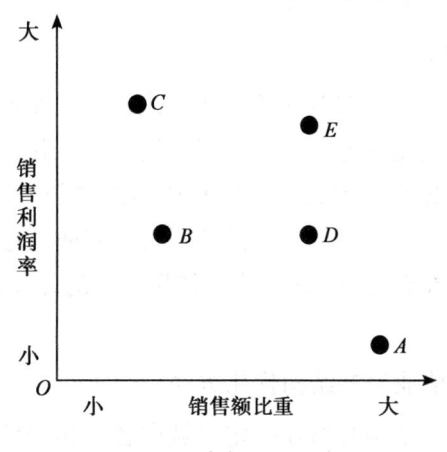

图 5-1 内部贡献矩阵图

利用内部贡献比较法,首先应安排 E 作物,它属于高利润、高产值的优势产品,作为生产结构的主导作物项目,应安排大面积生产;其次考虑 D、B 作物,适当生产 C 作物,C 作物虽然属于高利润作物,但其市场容量太小,竞争激烈,风险较大,以少面积生产为宜。A 作物市场容量很大,但利润率很低,属于被淘汰的产品。

2. 波士顿矩阵评价法

各种作物的生产都应以市场为导向,根据产品在市场上的表现,确定是否生产、生产多少。利用波士顿矩阵进行市场表现的评价,能给产品定位,从而为家庭农场种植结构的优化提供依据。

波士顿矩阵是以市场销售份额为横坐标,以销售额增长率为纵坐标,确定家庭农场各产品的市场定位,如图5-2所示。

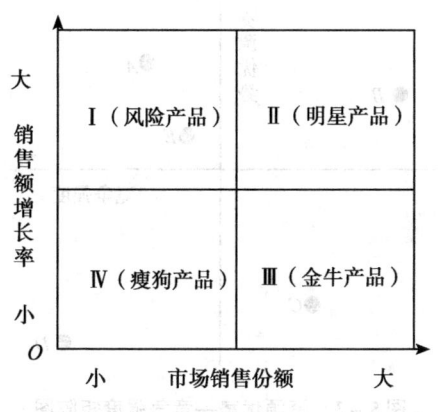

图5-2 波士顿矩阵图

根据各种产品目前的市场销售份额和销售增长率进行市场表现评价:处于第Ⅰ象限的是新推出的生产项目,市场非常看好,但家庭农场的优势不明显,市场相对份额小,属于"风险产品",不易大规模组织生产;处于第Ⅱ象限的产品,销售增长很快,且家庭农场的相对份额也较大,属于"明星产品",若具备资源优势,即可大规模组织生产,使之成长为"金牛产品";处于第Ⅲ象限的产品是市场容量大、但目前市场已趋饱和的成熟产品,是为家庭农场提供财源的核心产品,故称"金牛产品",应稳定规模;处于第Ⅳ象限的产品属"双低"的"瘦狗产品",应及时淘汰。

3. 资源优势——竞争强度评价法

确定家庭农场生产结构时,必须考虑家庭农场自身所具备的优势和该产品在市场上的竞争强度。家庭农场拟种植的产品在资源优势——竞争强度矩阵中的位置,如图5-3所示。

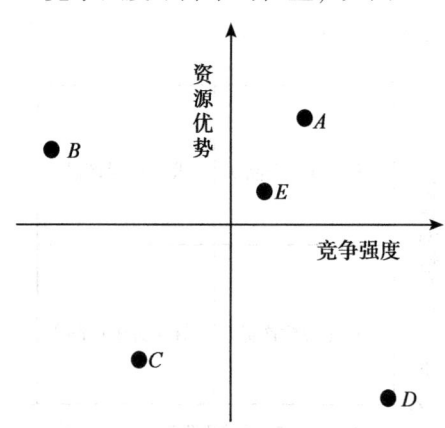

图5-3 资源优势—竞争强度矩阵图

A产品资源优势很强,竞争也较激烈,应优先安排生产。B产品有一定的资源优势,但市场较冷淡,属于有发展潜力的项目,家庭农场应抓紧开拓市场,扩大生产规模。C产品无资源优势,市场也不好,应放弃生产。D产品市场竞争比较强,属于热门产品,但家庭农场无任何优势,不宜安排生产。E产品属于家庭农场优势和市场竞争都不明显的产品,应稳定规模,随时准备退出的产品。

二、种植业生产计划

生产计划是生产活动的行动纲领,是组织管理的依据。种植业生产计划就是将年内种植的各种作物所需要的各种生产要素进行综合平衡,统筹安排,以保证家庭农场计划目标的落实。

(一) 种植业生产计划的内容

种植业生产计划,是种植业生产的空间布局和时间组合的安排,是种植业生产管理的重要一环。

1. 种植业生产计划分类

(1) 按时间长短分:长期计划、年度计划、阶段作业计划。

(2) 按内容分:耕地利用计划、作物种植计划、作物产量计划、农业技术措施计划等。

(3) 按作用分:基本生产计划、辅助生产计划、技术措施计划等。

2. 种植业生产计划的内容

种植业生产计划主要有耕地发展和利用计划、农作物产品产量计划、农业技术措施计划、农业机械化作业计划等。

(1) 耕地发展和利用计划:耕地发展和利用计划主要反映计划年度耕地的增减变动及其利用状况,见表5-1。

表5-1 ××××年家庭农场耕地利用计划表　　(单位:亩)

项目	上年实际	本年计划
一、年初实有耕地面积		
二、年内计划增加耕地面积		
1. 计划开荒面积		
2. 调入耕地		

(续表)

项目	上年实际	本年计划
3. 其他形式增加		
三、年内计划减少耕地面积		
1. 各种建设占用耕地		
2. 造林（退耕还林草）占地		
3. 调出耕地		
4. 其他形式占地		
四、年末计划达到耕地面积		
1. 水田		
2. 旱地		
其中：水浇地		
五、本年度计划耕地面积		
六、年内未利用耕地面积		
其中：休闲地		

为反映耕地利用情况，可借助以下指标进行分析：

①垦殖率。该指标反映可垦土地的利用程度。

$$垦殖率（\%） = \frac{耕地面积}{可垦未耕土地面积 + 耕地面积} \times 100$$

②耕地种植率。该指标反映对现有耕地的利用程度。

$$耕地种值率（\%） = \frac{本年实际种植的耕地面积}{全部耕地面积} \times 100$$

③复种率（复种指数）。该指标反映年内现有耕地的利用强度。根据计算口径又可分为全部耕地和年内实际种植地的复种率。

$$全部耕地复种指数（\%） = \frac{实际播种面积}{全部耕地耕种面积} \times 100$$

$$实际种植耕地复种指数（\%）=\frac{实际播种面积}{当年实际耕种的面积}\times100$$

④反映耕地生产能力的指标。

$$稳产高产田比重（\%）=\frac{稳产、高产田面积}{全部耕地在几只}\times100$$

⑤反映耕地利用效果的指标。

$$耕地产出率（\%）=\frac{种植业总产量（总产值、净产值、利润或纯收入）}{可垦未耕土地面积+耕地面积}\times100$$

（2）农作物生产计划：反映计划年度各种作物和播种面积、亩产量、总产量计划数，见表5-2。

表5-2 ××××年农作物生产计划表

作物名称	播种面积（亩）		亩产量（千克）		总产量（吨）	
	上年实际	本年计划	上年实际	本年计划	上年实际	本年计划
粮食作物： 1. 水稻 2. 小麦 ……						
经济作物： 1. 橡胶 2. 茶叶 ……						
其他作物： 1. 瓜菜 2. 饲料 ……						

（3）农业技术措施计划：农业技术措施计划主要包括土壤改良及整地计划、农田基本建设计划、种子计划、播种施肥

计划、化学灭草及植保计划、田间作业计划、灌溉计划等。现介绍几种主要技术措施计划。

①灌溉计划。编制灌溉计划,是根据农作物的种植计划、生育期灌溉水定额、水资源供给量、降水及土壤墒情等,进行综合平衡。具体做法:首先根据各作物的播种面积和常年在各生育期的灌水定额(作物实际需水与天然补水量的差额),计算各月(天)的需水总量;然后再与水源可供量(地表与地下提水量)进行平衡。

②播种计划。播种计划是对作物播种面积、播种量、播种时间、播种顺序、播种方法、质量要求、种子处理、种肥施用等的计划安排,见表5-3。

表5-3 ××××年春播种作物计划表

作物	播种面积(亩)	播种时间(×月×日至×月×日)	种子名称	田播种量(千克)	种肥		总播种量(吨)	播种方式	质量要求
					名称	亩用量(千克)			

③施肥计划。主要根据作物的需肥种类和数量、土壤肥力状况,来确定需人工补充投肥的种类和数量,以保持土壤肥力的永续性。其计划指标有:施肥面积、施肥种类、施肥量、施肥方法、施肥时间等,见表5-4。

表 5-4　××××年农作物施肥计划表

作物	施肥种类	施肥面积（亩）	亩施用量（千克）	总施用量（千克）	施肥方法	施肥时间
橡胶	基肥 种肥 追肥					
咖啡	基肥 种肥 追肥					
……						

（二）种植业生产计划的制订方法

常用的种植业生产计划的编制方法有综合平衡法、定额法、系数法、动态指数法和线性规划法等。现将综合平衡法介绍如下。

综合平衡法是编制计划的基本方法。种植业生产涉及各种作物的合理搭配，以及生产任务与生产要素的平衡；计算各种生产要素可供应量与生产任务的需要量，主要是通过比较，找出余缺，进行调整，实现平衡。

1. 种植业生产的平衡关系

（1）生产供应与市场需求的平衡。

（2）生产要素的平衡。

（3）土壤肥力的平衡。

（4）生产项目之间的平衡。

2. 种植业生产的平衡方法

采用综合平衡法，是通过编制平衡表来进行。综合平衡表的内容主要有需要量、供应量和余缺3个项目。如物资平衡表，是以实物形态反映物质产品的生产与需要之间的关系，见表5-5。

表 5-5 主要物资平衡表

要素 项目	种子	化肥	劳动力	……
一、需要量				
1. 橡胶				
2. 咖啡				
……				
二、可供量				
1. 期初结余				
2. 本期购入				
……				
三、余缺				

三、种植业生产过程组织

农作物生产过程是由许多相互联系的劳动过程和自然过程相结合而成的。劳动过程是人们的劳作过程，自然过程是借助于自然力的作用过程。种植业生产过程从时序上包括耕、播、田管、收获等过程；从空间上包括田间布局、结构搭配、轮作制度、灌溉及施肥组织等过程。各种作物的生物学特性不同，其生产过程的作业时间、作业内容和作业技术方法均有差别。因而，需要根据各种作物的作业过程特点，采取相应的措施和方法，合理组织生产过程。

（一）种植业生产过程组织的要求

1. 时效性原则

农作物生产具有强烈的季节性，什么时候进行什么作业都有严格的时间要求。该种不种或该收不收都会延误农时，降低产量。因此，一定要按照生产计划组织生产，按时完成各项作业任务，提高劳动的时效性。

2. 比例性原则

不同农作物的生产周期不尽一致，有的是夏收作物，有的是秋收作物；同一种农作物的不同品种也有早熟和晚熟的区别。不同的作物按比例进行配合，既有利于生产要素的合理使用，又有利于缓和资源使用的季节性矛盾。

3. 标准化原则

标准化原则主要是指每项农作物都要制定规范的作业标准，严格按作业标准进行田间操作。只有这样，才能提高工效，保证作业质量，增加产量。

4. 安全性原则

安全性原则主要指农业生产要注意保护劳动者、劳动资料的安全以及资源的可持续利用。随着农业现代化、工厂化的发展，由于使用化学农药、农业机器等，容易发生农药中毒、机电伤亡事故，影响人和畜禽的安全；由于化肥、农药使用不当，导致土壤团粒结构的破坏，严重的则造成绝收。安全问题日益突出。

5. 制度化原则

制度化原则是指生产过程的组织需要有相应的制度保证。具体来说，生产作业内容方面有作物轮作制、施肥制、灌溉制和病虫害防治制度等；作业时间方面有作业日历制等；生产职责方面有岗位责任制、作业责任制和承包责任制等。

（二）种植业生产的时间组合

种植业生产的时间组合，也可称轮作种植。它是指在同一空间地段上，不同时间作物的轮流种植，以充分利用土地的生产时间，增加光能利用率，提高土地的生产效能。

作物轮种是一种技术经济措施。作物轮种的种类、品种和时间首先要符合作物的生物学特性，具有技术上的可行性；其次，轮种可以获得更高的投入产出率，符合经济的合理性。

种植业生产的时间组合有以下要求：一是因地制宜。作物复种、轮作和套作要能提高土地利用率，增加单位耕地面积的生产量。二是合理搭配。作物轮作搭配能适应种植计划要求，能更好地满足市场需求和自给需求。三是时间协调。作物轮作能形成最好的相辅相成关系，达到时间协调，肥力互补，能提高劳动生产率和成本产值率。四是有利于多种经营。作物轮作更有利于开展多种经营，提高家庭农场的总体经济效益。

种植业生产的时间组合，除上述定性分析外，还可以进行定量分析，将单项作物轮作产量与效益进行比较，以说明时间组合的有效性。

（三）种植业生产的空间布局

种植业生产的空间布局，也称地域种植安排。它是各种作物在一定面积耕地上的空间分布。由于自然、经济的原因，一个家庭农场或一个生产单位的耕地质量总是会有各种各样的差别。不同地块的土壤性状适应不同作物的生物学特性，具有不同的生产效益；同类土质不同地段位置的地块由于区位差异而引起交通、管理的区别也会造成不同的种植效应。因此，搞好农作物布局要注意以下方面：一是保证完成国家的合同订购任务，以满足市场的需求；二是保证家庭农场内部生产需要（种子、饲料、加工原料）以及生活需要（劳动者口粮）；三是符合当地的自然环境（土地类型、气候）；四是作物之间茬口衔接合理，用地与养地相结合；五是尽可能集中连片，便于实行机械化和田间管理。

同时，还可借助于定量分析方法，安排种植业生产的空间布局。常用的方法有亩产量（亩效益）比法和线性规划法。

以咖啡与茶叶的种植为例，说明亩产量（亩效益）比法的应用，见表5-6。

表5-6　不同作物不同地块亩产量与亩产比　　（单位：千克）

项目	A地	B地	C地	D地
咖啡	200	150	45	100
茶叶	40	50	70	30
咖啡、茶叶亩产比	5:1	3:1	0.64:1	3.3:1

在表5-6中，亩产量比，指某类地块作物种植的产量代替比。从各地块的产量看，A地、B地与D地以种植咖啡作物适合；从咖啡与茶叶两种作物产量比来看，C地种茶叶作物最合适；从咖啡、茶叶的价格比看，若比价为1.5:1，则C地安排茶叶生产有利，其他地块种植咖啡更加有利。

第三节　家庭农场的养殖业生产管理

一、养殖业生产管理的特点

养殖业生产，是指所有牲畜、家禽饲养业和渔业生产，主要提供肉、蛋、奶及水产品；为轻工业提供毛、皮等原料；为外贸提供出口物。养殖业的发展对改善人们的食物构成、提高人们的生活质量具有重要的意义。

根据生产对象的饲养特点和动物性产品的消费特性,可将养殖家庭农场划分为四大类型。

第一类,以牲畜为生产对象。包括养牛、马、猪、羊、兔等,这类家庭农场的产品主要是肉、皮、毛、乳等。

第二类,以禽类动物为生产对象。包括养鸡、鸭、鹅、火鸡、鹌鹑等,这类家庭农场的主要产品是肉、蛋、毛等。

第三类,以水中动物为生产对象。包括养鱼、虾、贝类、蟹、水生藻类、贝养珍珠等。这类家庭农场的主要产品是水生动物的肉、寄生物等。

第四类,以虫类动物为生产对象。包括养蜂、蚕、蚯蚓、蝎等。这类家庭农场的主要产品是虫类的蜜、丝、皮、全身等,还有重要的制药原料等。

由于养殖业包括的内容繁多,这里只以养殖畜、禽类动物的家庭农场为例,介绍养殖业生产家庭农场的管理及其方法。

(一) 养殖业的生产特点

1. 养殖业生产对象是有生命的动物

养殖业的自然再生产和经济再生产交织在一起的基本特点,要求家庭农场不但要按自然规律组织生产活动,同时还要求家庭农场按照经济规律进行生产管理,以取得良好的经济效益和生态效益。

2. 养殖业生产的转化性

养殖业将植物能转化为动物能。饲料在生产成本中占有很大的比重,养殖业生产管理的主要任务之一是提高饲料(或饵料)转化率。

3. 养殖业生产的周期长

养殖业生产周期一般较长，在整个生产周期中要投入大量的动力和资本，只有在生产周期结束时才能获得收入，实现资本的回收。从生产时间分析，例如，奶牛有高产期、低产期和干浮期，蛋鸡有产卵期和歇卵期，等等。因此，在生产中要求选用优良品种，采用科学饲养管理，延长生产时间，缩短生产周期，提高畜禽的产品率。

4. 养殖业生产的双重性

繁殖用的母畜、种畜、奶畜是劳动手段和生产资料，而作为肉畜、肉禽则又是劳动产品和消费资料。养殖业生产既要满足社会对生活消费品的需要，又要保证家庭农场自身再生产的需要，因而具有双重性特点。

5. 养殖业生产的可移动性

畜禽可以进行密集饲养、异地育肥。运用这个特点，可以克服环境等因素的不利影响，创造适合于养殖业生产的良好的外部环境，以保证养殖业生产过程的顺利进行。

（二）养殖业的生产任务

养殖业生产任务是根据市场需要，结合资源环境和经济技术条件，确定合理的生产结构；采用科学的养殖方式，发展家畜、家禽、水产品养殖与培育，生产更多更好的畜禽及水产品，以满足社会的多样化需求。

1. 确定生产结构

养殖家庭农场应根据国家经济发展战略目标、市场需求状况和家庭农场自身的资源条件，坚持"以一业（一品）为主，多种经营"的经营方针，因地制宜地确定畜禽生产结构。有丰富的饲草资源的地区，可以多发展牛、羊等食草畜，适当发展生猪和家禽；在广大农区，以养猪、鸡等家禽为主，有条件的可兼养牛、羊等，以充分利用农业精饲料和秸秆粗饲料等多种资源，降低生产成本。

2. 建立饲料基地

饲料是养殖业发展的物质基础。发展养殖业，提高畜禽产品和质量，其基本条件是建立相对稳定的饲料基地，保证畜禽正常的生长发育，解决"吃饱"的问题；同时，要发展饲料加工业，生产各种配合饲料和添加剂，提高饲料质量，满足各种畜禽、鱼虾等各个生长期的多种营养需求，解决"吃好"的问题。

3. 提供优质产品

动物品种的优劣关系到植物饲料的转化率和产品的生产率。因此，养殖业生产的重要任务之一就是要不断引进和培育优良品种，实施标准化生产，提高畜禽产品和水产品的内在品质，为社会提供更多的优质产品。

（三）养殖业的生产组织与管理

1. 饲料组织与利用

饲料的种类、数量、质量对养殖业发展有直接的制约作用。

（1）广开饲料来源。一是充分利用饲料基地的资源供给；二是合理利用天然饲料资源，以利于就地取材，提供部分饲料，降低饲料成本。

（2）做好饲料供需平衡。饲料的数量和质量，决定养殖业的种类和规模，因此，要做好饲料供需平衡工作，既要科学地预测各种饲料的需求量，又要积极组织饲料来源，在挖掘饲料潜力基础上，做好饲料供需平衡工作。具体方法可通过编制平衡表来实现饲料供需的计划性。

（3）合理利用饲料资源。饲料是养殖生产的主要原料，饲料组合方式和饲料投入量对畜禽、鱼虾的生长、发育及其产品形成有着密切的关系。在畜禽、鱼虾生长发育过程中，不同种类、品种以及同一品种的不同发育阶段需要不同的营养成分。因此，养殖业生产，要改"收什么，喂什么"的传统饲养方式为"喂什么，收什么"，科学地利用、配合精饲料喂养，以利于提高料肉比。

2. 饲料管理与规范

（1）规范饲料管理制度。包括①饲养管理标准化制度，如喂养制度、饲料供应制度、良种繁育和推广制度、防疫卫生制度等。②饲养管理责任制度，即责权利制度，包括岗位责任制、定额计件责任制、喂养承包责任制、综合承包责任制等。

（2）重视引进和改良品种。加快优良品种的繁育和推广、提高优良品种率是提高畜禽产品和水产品产量和质量的关键。在引进优良品种的同时，应加强技术管理，防止品种退化，稳定产品质量。

（3）实行标准化生产运作。按科学化管理要求，对畜禽逐步实行按性别、用途、年龄分组、分类的管理，合理确定不同组别的技术经济标准、饲料配方、饲养方法和饲养管理标准，以提高饲养生产管理水平。

（4）适度扩大饲养规模。根据生产发展水平和市场需求状况，适度扩大饲养规模，提高饲养机械化水平，逐步实施专业化养殖，以实现规模经济效益。

二、养殖业生产计划

畜禽生产除了依靠专业饲养技术人员搞好饲养管理外，还必须依靠专业管理人员搞好生产管理。生产管理的关键是作好计划管理，包括生产计划和生产技术组织计划。下面以家畜生产计划为例。

家畜生产计划主要包括畜群交配分娩计划、畜群周转计划、畜产品产量计划和饲料供应计划等。

（一）畜群交配分娩计划

畜群交配分娩计划，即表明在计划年度内牲畜交配、分娩的头数，它是组织畜群生产的依据之一。畜群生产可采用季节性交配分娩和陆续性交配分娩。这两种类型各有利弊。季节性交配分娩可选择最适宜季节，尽量避开严寒酷暑，保证较高的受胎率和成活率，但存在着人力、设备利用不充分的问题。陆续性交配分娩指乳畜均衡地在各个月分娩，时间分布较均匀，可全年均衡提供产品，但严寒酷暑对乳畜产仔的影响很难避开，同时也存在着人力和设备投入与规模相适应的问题。编制畜群交配分娩计划要根据市场需求规律与本场自然气候条件、生产资源状况加以确定。如猪群交配分娩计划要根据养猪场的年度生产任务、采用的分娩方式、现有基本母猪和检定母猪的年初头数、上一年最后四个月已交配母猪的头数和交配时间等情况进行编制，如表5-7所示。

表 5-7 猪群交配分娩计划

交配				分娩							
年度	月份	基本母猪	检定母猪	合计	年度	月份	出生胎数			出生仔猪数		
							基本母猪	检定母猪	合计	基本母猪	检定母猪	合计
上年	9				本年	1						
	10					2						
	11					3						
	12					4						
本计划年	1					5						
	2					6						
	3					7						
	4					8						
	5					9						
	6					10						
	7					11						
	8					12						
	9					合计						
	10											
	11					说明						
	12											
合计												

（二）畜群周转计划

畜群在一定时期内，由于出生、成长、购入、淘汰、死亡等原因，经常发生数量上的增减变动。为掌握畜群变化规律，应根据畜群结构、交配分娩计划、淘汰计划和畜群周转关系，编制畜群周转计划。以养猪为例，编制现代化养猪场猪群周转计划，如表5-8所示。

表5-8 猪群周转计划

组别	计划年初数	周转月份												增加			减少			计划年末头数
		1	2	3	4	5	6	7	8	9	10	11	12	繁殖	转入	其他	出售	转出	死亡	
合计																					
种公猪																					
基本母猪																					
仔猪： 1月龄 2月龄																					
后备猪： 3月龄 4月龄 5月龄 6月龄 7月龄 8月龄 9月龄 出售育肥猪																					
淘汰育肥猪 1月 2月 3月																					
总计																					

（三）畜产品产量计划

畜产品产量计划可根据生产任务的不同，制订家畜产肉计划、产奶计划等。以家畜产肉为例，编制畜产品产量计划，如表5-9所示。

表 5-9 家畜产肉计划

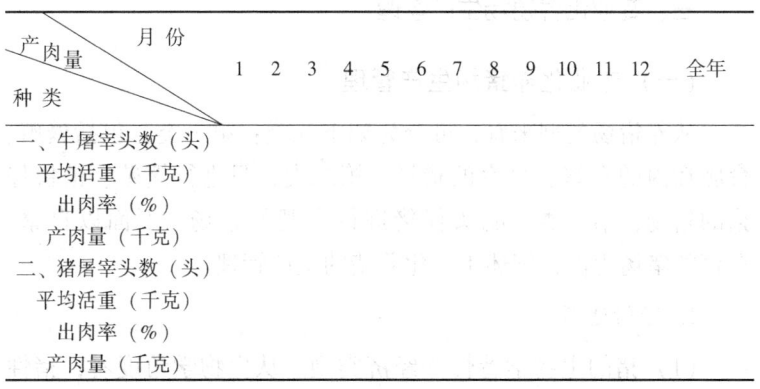

产肉量 月份 种类	1	2	3	4	5	6	7	8	9	10	11	12	全年
一、牛屠宰头数（头）													
平均活重（千克）													
出肉率（%）													
产肉量（千克）													
二、猪屠宰头数（头）													
平均活重（千克）													
出肉率（%）													
产肉量（千克）													

（四）饲料供应计划

饲料供应计划，是按一定时间和饲养头数来制订。饲料需要量，一般可分为按年计算和按月计算两种。按年计算饲料需要量，可根据家畜在群年平均头数的年需要量计算，详见表 5-10。按月计算饲料需要量时，可根据畜群周转计划中各家畜月平均头数乘上各月饲料定额来计算。

表 5-10 年饲料供应计划

猪群分组	在群平均头数	1号料		2号料		普通饲料	
		定额（千克/头）	总量（千克）	定额（千克/头）	总量（千克）	定额（千克/头）	总量（千克）
种公猪							
基本母猪							
鉴定母猪							
仔猪							
后备猪							
育肥猪							
淘汰猪							
合计							

三、专业化养殖场生产管理

(一) 专业化养猪场生产管理

从养猪场类型来看,可分为如下几类:第一类,包括繁殖、育肥在内的自繁、自育的猪场;第二类,只进行繁殖、销售仔猪的猪场;第三类,购买仔猪进行育肥的猪场。下面以自繁、自育的猪场为例,阐述工厂化养猪的生产管理。

1. 仔猪选留

(1) 猪的生物学特性和经济类型。从生物学角度看,猪性成熟早、繁殖率高、生长速度快、饲养成本低、屠宰率高。一般情况下,猪的屠宰率是60%~75%,而牛为50%~60%,羊为40%~50%。猪的经济类型按其生产性能、肉脂品质等特点,可分为脂肪型、瘦肉型、兼用型。脂肪型猪,其特点是脂肪多,一般占胴体的55%~60%,瘦肉占30%左右。瘦肉型猪也叫腌肉型猪,瘦肉占胴体的55%~60%,脂肪占30%左右。肉脂兼用型猪,胴体中肥瘦肉所占比例大体相等。

(2) 猪的选种和育肥仔猪的选择。①猪的选种。一是根据猪群的总体水平进行选种,如猪的体质外形、生长发育、产仔数、初生重、疫病情况等。二是根据猪的个体品质进行选种,主要从经济类型、生产性能、生长发育和体质外形等方面进行选种。

②育肥仔猪的选择。一是从品种方面,选择改良猪种和杂交猪种,因为它们比一般猪种生长发育快;二是从个体方面,选择体大健康、行动活泼、尾摆有力的个体。

2. 饲料利用

(1) 猪饲料的选用。根据猪饲料的特点以及猪在不同月龄、不同发育阶段的营养需要，选择适当的饲料进行饲养。小猪生长发育旺盛，但胃肠容量小，消化机能弱，可选择易消化、营养丰富且含纤维素少的高能量、高蛋白饲料。中猪消化器官已充分发育，胃肠容量较大，在这个阶段，为满足其骨骼和肌肉的生长，可以较多地喂些粗料和青饲料。催肥猪骨骼和肌肉生长已趋缓慢，脂肪沉积加强，此时则应多喂含淀粉较多的配合饲料。

（2）饲料报酬的分析。饲料是养殖业生产的主要原材料，饲料组合和饲料投入量对畜禽生长、发育和畜产品形成均有极为密切的关系。各种畜禽生长、发育及其形成的畜产品，均有它自己特有的规律，而且其饲料转化比也不尽相同。因此，针对不同的养殖对象，研制出不同的最低成本饲料配合方案，以提高饲料边际投入，获得最大的产出效益。饲料报酬一般使用以下计算公式：

$$饲料转化率（\%）=\frac{畜产品产量}{饲料消耗量}\times100$$

$$肉料比=\frac{饲料消耗量}{畜产品产量}$$

由于饲料和畜产品的种类很多，各种饲料的营养成分差别很大，很难直接评价其利用率的高低。因此，通常把各种畜产品产量和所消耗的饲料量换算成能量单位（焦耳），用饲料转化率指标来评价。

饲料转化率的高低反映了养殖业生产水平的高低，若饲料转化率高，则表明饲料利用充分，畜产品成本低，经济效益好，养殖业生产水平高。

3. 猪的饲养管理

仔猪饲养的基本要求是"全活全壮"，出生后一周内的仔猪，着重抓好成活率。一是做好防寒保暖等护理工作；二是做好饲养工作，日粮以精饲料为主，饲料多样化。同时要及时给母猪补饲，以免影响仔猪的成活。

育肥猪的饲养，其育肥的基本要求是：日增重快，在最短的时间内，消耗最少的饲料与人工，生产品质优良的肉产品。一般地，育肥方法有两种：一是阶段育肥法，即根据猪的生长规律，把整个育肥期划分成小猪、架子猪、催肥猪等几个阶段，依据"小猪长皮、中猪长骨、大猪长肉、肥猪长膘"的生长发育特点，采取不同的日粮配合。在最后催肥阶段，除加大精料量外，尽量选用青粗饲料。这种方法的优点是：精饲料用量少，育肥时间长，一般在饲料条件差的情况下采用。二是直线育肥法，即根据各个生长发育阶段的特点和营养需要，从育肥开始到结束，始终保持较高的营养水平和增重率。此法育肥期短、周转快、增重多、经济效益好。

(二) 专业化养鸡场生产管理

1. 养鸡场的种类

现代化的养鸡场已发展成为专业化、系列化、大规模的生产家庭农场，根据不同的经营方向和生产任务，可分为专业化养鸡场和综合性养鸡场两种。

(1) 专业化养鸡场。

①种鸡场。种鸡场的主要任务是培养、繁殖优良鸡种，向社会提供种蛋和种雏。这类鸡场对提高养鸡业的生产水平起着重要作用。

②肉鸡场。肉鸡场是专门提供肉用仔鸡的商品化鸡场，为社会提供肉用鸡。

③蛋鸡场。专门饲养商品蛋鸡，向社会提供食用鸡蛋和淘

汰母鸡。

（2）综合性养鸡场。综合性养鸡场集供应、生产、加工、销售于一体，生产规模大、经营项目多、集约化程度较高，形成联合家庭农场体系，是商品化养鸡业发展到一定阶段的产物。这种现代化养鸡场一般设有饲料厂、祖代鸡场、父母代鸡场、孵化厂、商品鸡场、屠宰加工厂等，为社会提供种鸡、种雏、商品鸡、分割鸡肉等产品，并销往国内外市场。

2. 饲养管理方式

喂饲是养鸡场最基本、最经常、最大量的生产工作。其要求有：一是使鸡群得到良好的照管和喂饲，保证鸡群健康生长发育，提供大量的产品；二是节约饲料费用以及在喂饲方面的劳动消耗，不断提高饲料报酬率和劳动生产率，降低生产成本。

（1）饲养技术方式。饲养技术方式主要有平养和笼养两种。

①平养。又可分为地上平养、棚条平养、网上平养等方式。

地上平养，即在鸡舍地面上铺上垫料（锯末、沙土等），使鸡在垫料上自由活动采食。这种方式简便易行，投资少，但饲养密度低，一般每平方米养肉鸡8~10只，蛋鸡4~6只。

棚条平养，即在鸡舍地面上一定高度用柳条或竹竿等铺架一层漏缝地板，把鸡养在棚条上。其优点是鸡床干燥，比较卫生，能就地取材，投资成本低，这种方式一般每平方米可养肉鸡11~15只，蛋鸡7~9只。

网上平养，是以金属网代替棚条作鸡床，虽然比较耐用，但投资较大。

②笼养。鸡群笼养是现代化养鸡的主要方式。按饲养工艺可分为开放式与密封式两种。开放式笼养是以自然光照、自然通风换气为主。密封式笼养是建造可以人工控制环境的鸡舍，

使鸡舍保持一定温湿度和光照。笼养可以提高饲养密度和单位面积养鸡量,便于集中管理,减轻劳动强度,减少鸡群感染疾病的机会,提高集约化水平。但技术要求高,投资大,具备一定条件的养鸡场才能运用。

(2)饲养管理方式。饲养方式确定后,就要进行相应的劳动管理即合理的劳动分工和人员配备,以保证正常喂饲工作的进行。养鸡场每天的喂饲工作包括一系列操作活动,这些操作是由不同工种的工人分工协作完成的。在专业化养鸡场中,饲养人员一般按鸡舍或鸡栏编组,分管一定数量的鸡群,以保证喂饲工作正常进行。

3. 养鸡场环境的控制

养鸡场环境是对养鸡生产造成影响的多种外界因素的统称,包括养鸡场所处地域、养鸡场的设施装备、鸡舍内小气候和饲养密度等条件。

(1)场址选择。养鸡场是一座生物工厂,为保证鸡的健康生长,一是寻找空气新鲜、无病原菌污染的地方;二是有充足可靠的水源,最好是自来水或深井水;三是交通运输便利,包括陆运、空运;四是电力供应充足,要保证孵化、育雏、育成、产蛋舍的动力以及饲养加工、抽水、照明等需求。

(2)温度控制。最适宜的温度是 $18.3 \sim 23.5°C$,一般在 $13 \sim 29°C$ 范围之内。高温会使蛋鸡饮水量增加、呼吸加快、体温升高、血钙含量下降,导致蛋壳变薄、鸡体重减轻、产蛋量减少、蛋的质量下降等。因此,炎热的夏季应设法降温,注意鸡舍屋顶的隔热性,加大通风量;在冬季要注意增温,晚上的喂料可以添加一些油脂,以增加热量,提高鸡的御寒能力。

(3)光照控制。产蛋鸡每天光照时间超过 $11 \sim 12$ 小时就能增加产蛋量，达到 14 小时后增产效果更为显著，一般规定产蛋期每天光照时间为 16 小时。但是光照的时间达到或超过 17 小时，对产蛋反而不利。光照变化的刺激作用一般在 10 天以后才能见效，所以从育成鸡光照程序改为产蛋鸡光照程序的适宜时间应在 20 周龄时开始，同时要相应改变饲料配方和增加给料量。延长光照时间通常采用三种方式：一是早晨补充光照；二是傍晚补充光照；三是早上和傍晚都补充光照。

（4）换气通风。由于鸡生长发育过程中要排泄粪便，吸入氧气，呼出二氧化碳，一般鸡舍有害气体较多，主要是氨、硫化氢和二氧化碳。因而，鸡舍的平面布置应根据饲养工艺、饲养阶段、喂料的机械化程度、清粪方式、通风设施等全盘考虑，使鸡舍有足够的新鲜空气，增加氧含量。

4. 疫病防治

在集约化生产条件下，组织严格的疫病防治是保证鸡群健康成长，获得高产、高效益的重要措施。为此，要贯彻"预防为主"的方针，严格卫生防疫制度，实行预防接种，及时扑灭疫病，为鸡的健康成长创造良好的环境。为此主要做好以下工作：

（1）加强饲养管理，搞好清洁卫生。经常保持良好的鸡舍环境，饲养人员要搞好个人卫生，保持鸡体、饲料、饮水、食具及垫料干净，及时清除粪便，非饲养人员一律不得进入鸡舍。

（2）坚持消毒制度，定期接种疫苗。消毒是杜绝一切传染病来源的重要措施，消毒可采用机械消毒、物理消毒和化学消毒等方法，实行经常性消毒、定期消毒和突击消毒相结合。为了防止疫病的发生，可以根据所在地区鸡传染病种类和毒型，结合本场具体情况，制定免疫程序，定期进行各种疫苗的预防接种。

（3）尽早发现疫情，及时扑灭疫病。鸡场一旦发生传染病或疑似传染病时，必须遵循"早、快、严"的原则，及时诊断，尽快扑灭，对病鸡实行严格隔离，对健康的鸡要进行疫苗接种和疾病防治，对病重的鸡要坚决淘汰，死鸡的尸体、粪便及垫料等运往指定地点焚烧或深埋。

5. 养鸡生产的周转

养鸡生产经过一个生产周期进入另一个生产周期，这种转换称为生产周转。其方式一般有两种。

（1）"全进全出"制方式。一个鸡场饲养同日龄的鸡群，一起进场，在生产期满后一起出场。这种周转方式，一是可以最大限度地利用鸡的最佳生长时期，获得高产、高效益。二是可以组织严格的防疫。这种方式能最大限度地消灭场内的病原体，避免各种传染病的循环感染，也能使免疫接种的鸡群获得一致的免疫力。肉鸡生产多数采用这种周转制度。

（2）再利用方式。再利用方式是蛋鸡特有的周转方式，即在蛋鸡产蛋1周期后，通过强制换羽，使产蛋鸡休产一个时期，再进行第二个产蛋期的利用。有的还要进行第二次强制换羽进入第三个产蛋期。

第四节　家庭农场的农产品加工业生产管理

发展农产品加工业可以增加农产品的科技含量和附加值，是增加农民和家庭农场收入的重要途径。农产品加工业具备良好的市场前景，随着科学技术的进步、农业产业结构的调整，农产品加工业在农村经济发展中将起着举足轻重的作用。

一、农产品加工业生产过程管理

农产品加工生产过程，一般分为生产准备过程、基本生产过程、辅助生产过程和生产服务过程等。

（一）生产准备过程

生产准备主要从两方面进行：一是硬件设施；二是软件基础。

1. 硬件设施

（1）加工原料配备。加工原料的配备是加工型家庭农场最为繁杂又经常性的准备工作，就是各种农副产品原料的采购、运输和储备等工作。农副产品加工的主要原料包括粮、棉、油、糖、茶、肉、果、原木、药草、毛皮、各种野生动植物等，其中大多是鲜活产品，有的易腐、易损、不耐贮藏。所以在生产准备工作中，应选择灵活的采购方式、采购批量、运输方式和储备方式等，以保证加工品的质量。

（2）技术工艺工作。包括产品设计、工艺设计、技术图纸、工艺文件、新产品的试制等。只有不断地采用新技术、新加工工艺，坚持小批量、多品种、优质量的竞争策略，才能使家庭农场在激烈的竞争中立于不败之地。

（3）生产条件供给。根据加工家庭农场的生产车间、生产场地的作业面大小、设备要求，适当装配供电、供水、供气设施，以确保生产的不间断进行。

（4）质量检验体系。农副产品的加工制品，大多数是日常生活消费品，尤其是食品类产品，其质量优劣直接影响到人们的身体健康。因而，注重产品质量是提高家庭农场知名度和竞争能力的关键因素。

(5) 安全保障措施。主要是家庭农场生产所必需的卫生检测、安全设备、劳动保护、消防器械等物品装置的准备。

新建的加工型家庭农场,还要做好工程验收以及操作工人的技术培训等产前试操作工作。

2. 软件基础

(1) 组织规章制度。主要是根据家庭农场的生产规模、生产任务、产品特点的不同,制定相应的责任制度和规章制度。包括生产责任制、岗位责任制、安全规章等。明确家庭农场内部各级生产组织和各职能部门的权利、职责和利益。

(2) 生产管理制度。包括劳动定额、物资储备定额、原料消耗定额、能源消耗定额等,并根据各生产单位的生产任务,将一定时期内所需要的劳动力、生产要素,通过合理配置,落实到各生产单位。

(3) 家庭农场经营计划。包括年度生产财务计划、阶段作业计划、劳动用工计划、生产进度计划、原料供应计划等。

(4) 生产操作规程。生产过程的准备应有科学的预见性,既要估计家庭农场生产经营中可能出现的各种问题,又要预见科学技术的发展和市场需求的变化给家庭农场带来的影响。因为农副产品加工业大多数属于生活资料的生产行业,具有有机构成水平低、资金周转速度快、易于吸引闲置资金的特点,是一个竞争激烈的行业。

(二) 生产过程组织

生产过程,是指直接改变劳动对象的物理和化学性质,使其成为家庭农场主要的产成品的直接加工、处理过程。生产过程是家庭农场生产经营全过程的中心环节,代表着家庭农场生产的专业化方向。

1. 生产过程组织的要求

农副产品加工业生产，是运用现代工业生产技术和管理技术，在专业分工和协作基础上，采用多种工艺方法和使用多种机器设备的复杂的生产体系。基本生产的组织，就是要结合家庭农场生产技术条件、工艺性质、生产类型、生产任务量和家庭农场的专业化生产方向的特点，适应市场需求和生产发展的要求，确保基本生产过程的高效运行。生产过程组织有以下5项要求。

（1）生产过程的连续性。即产品生产过程的各个阶段、各道工序是相互衔接、有序地进行。劳动对象在一道工序被加工、处理完以后，立即被转送到下一道工序，使之处于不间断地被加工、检验和运输状态之中。在某些产品的加工中，还要借助自然力的作用，如风干、晾晒等环节。为了确保生产过程的连续性，要通过制订周密的作业计划，使人工加工过程同自然力处理过程相互衔接，避免不合理的中断。

（2）生产过程的比例性。基本生产过程的各个组成部分，即各道工序之间保持一定的比例关系，使每道工序的作业量大致均衡。随着生产的发展、品种的扩大、新工艺的引进、新材料的运用、管理制度的健全等因素变动，就必须对原来的比例进行适时的调整。

（3）生产过程的节奏性。即各个生产环节，在相等的时间间隔内，产出相等数量的产品，没有时紧时松、前松后紧、突然赶工的现象。简单地说，就是各工作环节都能均衡地负荷，均衡地出产品。

（4）生产过程的合理中断。某些农副产品加工业的某些生产工艺过程,需要借助于自然力的作用,使劳动对象发生物理或化学反应。如造酒业中的发酵过程、制药业中药草的晾晒过程等。这种变化过程的开始,即表示加工过程暂时中断,中断达到一定时间后,加工过程又重新开始。这种加工工艺特点,要求家庭农场注意生产过程的合理安排,以保证生产过程的连续性。

(5) 生产过程的适应性。即家庭农场生产过程适应品种变化,产品升级换代,采用新技术、新材料的能力。这对家庭农场适应多变的市场需求、提高家庭农场竞争能力、提高家庭农场经营的稳定度是非常重要的。家庭农场要提高生产过程的适应性,就必须在购置设备、制定规划中,有长远打算,不能只顾眼前;要尽量采用先进的加工技术,以生产过程的适应性提高产品对市场的适应性,从而提高家庭农场的经济效益。

以上五项要求相互联系、相互制约,只有同时予以重视,才能保证基本生产过程高效有序运行。

2. 生产过程的组织形式

生产过程的组织形式一般有大量生产、成批生产和小批量生产3种。

(1) 大量生产。在一段时间内重复生产一种或几种产品,其特点是产品的品种少,批量大,产量大,各工作场所固定地完成1~2道工序,专业化程度高。

(2) 成批生产。在一段时间内重复生产较多种产品,其特点是产品的品种不太多,每种产品都有一定的数量,生产条件比较稳定,各工作场地需负担较多的加工工序,专业化程度不高。成批生产型又可根据工作场地所负担的工序多少和每种产品投入的批量大小,分为大批量生产、中批量生产和小批量生产。

（3）小量生产。在一段时间内经常变换生产多种产品，很少重复生产同种产品。其特点是产品品种繁多，每种产品只有一件或几件，生产条件很不稳定，工作场所专业化程度很低，生产设备和技术工艺通用性强，所需的原材料多数按农副产品的收获期进行收购和加工。

3. 生产过程组织的方法

任何工业家庭农场的生产过程的组织工作，都包括两个互相关联的方面，即生产过程的空间组织和时间组织。

（1）生产过程的空间组织。生产过程的空间组织主要用来确定被加工处理的农副产品在生产过程中的空间运动形式，即生产过程各个阶段、各道工序在空间上的分布和原材料、半成品的运输路线。空间组织又必须与相应生产单位的组织形式相结合。

生产单位的组织形式，是指家庭农场的生产车间、班组的专业化形式。农副产品加工家庭农场内部生产单位（车间、班组）的设置，一般有3种基本形式。

①工艺专业化。按照生产工艺性质的不同来设置生产单位。其优点是有利于充分利用生产能力和生产面积；有利于适应产品品种的多种变化；有利于进行工艺专业化的技术管理；有利于组织和指导同工种工人之间的相互学习和交流，提高技术水平。其缺点是劳动对象（加工产品）在生产过程中运行的路线较长；运送原材料和半成品的劳动消耗量大；劳动对象在生产过程中停放时间长，积压在产品多；生产周期长，占用流动资金多；各生产单位的计划管理、在制品管理、质量管理等工作比较复杂。②对象专业化。以产品为对象来设置生产单位，某

产品的全部工艺过程能在一个封闭的单位内独立完成。不同产品，按工艺流程布置所需的设备，不同工种工人，采用不同的工艺方法，对同类对象进行加工，能独立制造一种产品。其优点是有利于缩短生产路线，节约辅助劳动量；有利于减少在产品和资金占用量，缩短生产周期；有利于简化生产单位之间的协作关系，简化各项管理和产品成本核算工作。其缺点是由于所用设备专业性能强，通用性能差，不利于充分利用设备和劳力；生产技术多样，不利于生产专业化；不适应产品品种多变的形势；等等。③工艺专业化与对象专业化相结合。它是指吸收上述工艺专业化与对象专业化的优点，按照综合性原则而形成的生产单位设置形式。这种设置综合了上述两种设置方法的优点，避免了其缺点。

（2）生产过程的时间组织。生产过程的时间组织，主要说明生产过程各工序之间的衔接协调，以尽量缩短生产周期。工序之间衔接的移动方式一般有三种类型：

①顺序移动方式。是指整批产品在上一道工序全部加工完成以后，才整批集中运送到下一道工序加工，形成整批产品在各道工序间相继移动。②平行移动方式。是指一批产品中每一件产品在某道工序加工完成以后，立即转入下一道工序，形成产品在工作场所之间逐件移动。③平行顺序移动方式。是前两种方式的结合，即加工产品在工作地之间的移动有两种情况，一是当前道工序加工单件产品的时间小于或等于后道工序加工时间，加工完一件（一批）就立即转移到下道工序，即按平行移动方式移动；二是当前道工序加工时间大于后道工序加工时间时，则等到前道工序加工完的在产品数量能够满足后道工序连续加工时，才将加工完成的产品转移到下道工序，即按是非曲直顺序移动方式移动。

从上述三种移动方式的分析中可以看出，采用顺序移动方法，生产过程中的组织工作比较简单，但有整个生产周期较长、资金周转慢、在制品积压多等缺点。采用平行移动方法，生产周期虽然较短，但由于产品加工的各道工序的劳动量往往是不相等的，劳动力和设备有时会出现空闲等待现象，造成停工待料。平行顺序移动方法，综合了上述两种方法的优点，但组织工作比较复杂。因此，家庭农场应充分考虑上述各种方式的优缺点，权衡利弊得失，根据本家庭农场的生产类型、生产规模及其特点，决定采用何种方式组织生产过程。

二、农产品加工业生产质量管理

产品质量直接关系到家庭农场的兴衰。在经济全球化的今天，我国农产品加工家庭农场面临着一个竞争日趋激烈的国内外市场。只有在质量、品种、价格、售后服务等方面占有优势，家庭农场才能生存和发展。因此，质量管理是家庭农场经营战略的重要内容。

（一）产品质量标准

产品质量标准是指对产品品种、规格、质量的客观要求及其检验方法所作出的具体技术规定。它是家庭农场生产管理和处理质量纠纷的技术依据。它分为国际标准、国家标准、部颁标准和家庭农场标准4个等级。

1. 国家标准

国家标准是指对全国技术经济发展有重大意义，必须在全国范围内统一执行的标准。一般用 GB（强制性国家标准）和 GB/T（推荐性国家标准）标识。

2. 部颁标准

部颁标准是指对全国性的各专业范围内统一执行的标准，由各工业部门颁布并报国家标准化主管部门备案。

3. 家庭农场标准

家庭农场标准是指家庭农场制定的标准，由家庭农场上级主管部门组织审批，并报本地区同级标准化管理部门统一编号和发布。国家标准、部颁标准、家庭农场标准三者有一定关系，家庭农场标准必须服从国家标准和部颁标准，不得与之相抵触。

4. 国际标准

我国自1978年9月正式参加ISO后，积极参加了国际标准化活动。所谓国际标准，是指由某个国际组织经过一定的程序制定出来的标准。当今世界上人们提到的国际标准化活动，往往是指国际标准化组织（ISO）和国际电工委员会（IEC）所开展的活动。ISO9000系列标准是世界通用的，并得到普遍承认的一种质量保证体系。ISO9000系列标准共分5个部分，即ISO9000、ISO9001、ISO9002、ISO9003、ISO9004。

【知识链接】

国际标准化组织的前身是国家标准化协会国际联合会和联合国标准协调委员会。1946年10月，25个国家标准化机构的代表在伦敦召开大会，决定成立新的国际标准化机构，定名为ISO。大会起草了ISO的第一个章程和议事规则，并认可通过了该章程草案。1947年2月23日，国际标准化组织正式成立。

国际标准化组织（International Organization for Standardization），简称ISO，是一个全球性的非政府组织。"ISO"与国际标准化组织全称的缩写并不相同，其实，"ISO"并不是其全称首字母的缩写,而是一个词,它来源于希腊语 isos,意为"相等"。从"相等"到"标准",内涵上的联系使"ISO"成为组织的名称。

ISO 宗旨是在全世界促进标准化及有关活动的发展,以便于国际物资的交流和服务,并扩大知识、科学、技术和经济领域中的合作。

ISO 是一个国际标准化组织,其成员由来自世界上 100 多个国家的国家标准化团体组成,代表中国参加 ISO 的国家机构是国家质量监督检验检疫总局。ISO 与国际电工委员会(IEC)有密切的联系,中国参加 IEC 的国家机构也是国家质量监督检验检疫总局。ISO 和 IEC 作为一个整体担负着制定全球协商一致的国际标准的任务,ISO 和 IEC 都是非政府机构,它们制定的标准实质上是自愿性的,这就意味着这些标准必须是优秀的标准,它们会给工业和服务业带来收益,所以他们自觉使用这些标准。ISO 和 IEC 还有约 3 000 个工作组,ISO、IEC 每年制定和修订 1 000 个国际标准。

(1) ISO9000 是系列标准选用准则,主要阐述质量术语基本概念之间的关系、质量及合同环境中质量体系国际标准的应用。

(2) ISO9001 是开发、设计、生产、安装和服务的质量保证标准。它包括了家庭农场全部活动总的标准。该标准阐述了从产品设计、开发到售后服务全过程中的质量体系标准。要求能够向需方提供从合同评审、产品设计直到售后服务都具有严格控制能力的足够证据,以保证设计、开发、生产、安装和售后服务的各个环节都符合规定的要求。

(3) ISO9002 是生产和安装的质量保证标准。该标准阐述了从原材料采购开始直到产品交付需方为止的生产过程中的质量体系标准。要求能够向需方提供对生产过程具有严格控制能力的足够证据,以保证在生产和安装阶段符合规定要求,并采取措施以避免不合格现象重复出现。

(4) ISO9003 是最终检验和试验的质量保证标准。该标准阐述了从产品最终检验直到产品交付给用户的成品检验和试验的质量体系标准。要求向需方提供对产品最终检验和试验具有严格控制能力的足够证据,以保证在最终检验和试验阶段符合规定要求,并对不合格项目加以处理。

(5) ISO9004 是质量管理体系要素的指南,是非合同环境中用于指导家庭农场管理的标准。该标准阐述了非合同环境中的质量标准。要求对质量基本要素的含义、目标和各项质量管理活动的内容、要求、方法、人员及有关的文件、记录都作出明确的规定,对影响产品质量的技术、管理和人员等因素的控制提供全面的指导。对于家庭农场质量管理而言,ISO9004 是 ISO9000 系列标准中最适用的一个标准。

(二)生产过程的质量控制

生产过程的质量控制,是实现产品开发设计意图,形成产品质量的重要环节,是实现家庭农场质量目标的重要保证。为此,家庭农场必须抓好生产过程中的每一个环节的质量,严格执行并全面达到质量技术标准和管理标准。

1. 技术准备过程的质量控制

技术准备过程质量控制的目的,是使正式生产过程能在受控状态下进行。因此,家庭农场必须重点抓好以下四个方面的质量控制活动。

(1) 质量控制策划。质量控制策划是对质量计划、体系文件和程序文件做出明确规定,对影响生产过程的质量因素,即人、机、物料、工艺方法、生产环节等因素加以系统控制的活动，包括制定质量统计与检验技术规程，控制和优化工艺流程，建立过程检验和最终验证报告制度，制定和形成适宜的清洁和防护程序文件，研究改进生产过程质量的新方法，等等。

（2）过程能力控制。在技术准备过程中，应对过程能力是否符合产品规范进行验证。过程能力的验证包括材料、设备、计算机系统及其软件、程序、人员和相关作业。

（3）辅助材料、设施、环境的验证。即对辅助材料和设施，如生产用水、压缩空气、电源、化学用品等的控制和定期验证；对湿度、温度和卫生等生产环境进行控制和验证。

（4）搬运控制。产品搬运要有适当的计划、控制，即对材料、在产品、最终产品等的搬运，按规定制度执行。产品搬运应正确地选择和使用货盘、容器、传送装置和运输工具，以保证产品在生产或交付过程中避免由于振动、撞击、磨损、腐蚀、温度或任何其他情况造成的损坏或变质。

2. 基本生产过程的质量控制

基本生产过程的质量控制，是指从投料开始生产到制成产品形成的整个过程的质量控制。

（1）过程控制的内容

①技术文件控制。制造过程所使用的技术文件必须是现行有效的文本，应做到正确、完整、协调、统一、清晰、文图相符。

②过程更改控制。严格执行过程更改批准程序，每次过程更改后，及时进行评价，验证所作的更改是否对产品质量产生预期的效果；还应将由过程更改而引起的产品特性变化形成文件，通知有关部门。

③物料控制。进入制造过程的材料和零部件均应符合规定的质量要求,代用物料必须按规定办理审批手续;制造过程中的物料应合理堆放、隔离、搬运、储存和保管,防止磕碰、划伤、变质、混料等,以保持其使用性。

④设备控制。所有设备在使用前,应按规定进行验证、验收,确保设备技术状态良好,特别注意制造过程中特用的计算机以及软件的维护;制订预防性维修保养计划,以确保设备持续利用的能力。

⑤人员控制。各生产过程的操作人员、检验人员都必须掌握必备的知识、技能和相关技术。

⑥环境控制。提供适宜的加工环境,满足工艺技术的要求,遵守环境保护的有关法规。

(2)最终产品的验证。产品质量验证的基本功能是"鉴别、把关和报告"验证产品质量的符合性,即通过对产品的鉴别、把关,将产品验证报告及时反馈到决策部门,以便对产品生产过程或质量体系采取修正措施。

3. 辅助服务过程的质量控制

辅助服务过程主要包括物资供应、设备维修保养、工具制造与供应、燃料动力供应、仓库保管、运输服务等环节。

(1)物资供应的质量控制。物资供应过程质量控制的任务是保证所供应的物资符合规定的质量标准,按质按量,及时供应,合理储备。为此,必须对入库前的物资进行严格质量检验和验收工作,加强物资的储存管理。

(2)设备的质量控制。对生产设备的购买、验收、安装、使用、维护保养、定期检修进行严格控制,确保其技术状态完好、性能稳定。

(3) 工具、量具、工装供应的质量控制。工具、量具、工装大多数使用的时间较长,为了对其进行有效的质量控制,第一,必须建立专门机构,进行监督控制;第二,严格工作程序,把握质量标准,如量具的验收、保养、发放、鉴定、校正和修理等过程,要符合规定的程序要求。

思考题

1. 简述家庭农场经营企业化的条件。
2. 简述家庭农场种植业结构优化方法。
3. 简述家庭农场养殖业生产计划的制定。
4. 如何理解现代质量管理新理念?

[案例分析]

新邵县雀塘镇黄泥村生态养猪成功案例

"黄泥窝,黄泥窝,天晴三天望雨落,终年拼命刨黄土,常常还是肚皮饿。"这是新邵县雀塘镇黄泥村前些年的真实写照。近年来,该村以养猪为突破口,建起了沼气池,发展林果业,形成养殖、种植、环保为一体的绿色产业。种田育果不用化肥,养猪种菜效益大增,去年人均纯收入达 3 800 元,一跃成为全县的"富裕村"。

养猪开路

黄泥村人过去也养猪,一家一户养猪不过两三头,且养殖周期长,到头来一头猪纯收入不到 200 元。2002 年 4 月,村支书罗吉祥参加县扶贫村支书学习班,回家后选择了养猪项目。

俗话说:"村看村,户看户,群众看干部。"要发展养猪带领村民致富，罗吉祥认为，自己必须带头示范。高标准、大规模养猪，没技术怎么办？他把自己高中毕业的儿子送至湖南农业大学自考班学习了半年。没有启动资金，他从信用社贷款4万元，建起了340平方米的猪舍，购买了良种母猪10头，在当年就出售了肥猪221头，获利3万元。村民朱方路原在外面经商，每年能赚1万多元，他看到养猪市场前景好，2004年回村养猪，去年出栏肥猪200头，还存栏200余头，年获利4万余元。

大兴沼气

猪养多了，猪粪也多了。为处理猪粪问题，他们想到发展沼气。2003年12月，该村向县能源办申请建沼气池。当时能源办没有项目经费，要他们推迟几年再搞。可是该村村民纷纷表示只要能技术指导就行，有没有资金补贴无所谓。

见该村村民建沼气池要求迫切，2003年冬，县能源办派专人进行技术指导，当年建沼气池27个，到目前全村已建沼气池102个，如今村民不但做饭烧水用沼气，连照明也用上了沼气。据估算，村民自从用沼气，一年节约烧煤、用电照明资金6万元。

发展林果

养猪的猪粪进了沼气池，从沼气池出来的沼渣都是上等的肥料。村支两委商议：黄泥村有宽阔的旱土面积，且原有种果树的基础，现又有了充足的有机肥，对土地和原水果品种进行改良，将果园承包到户，村民又可增加一笔收入。这一决策得到村民的赞同，村里荒废的果园以每年1.6万元的承包费由40多户村民承包下来。近年来，该村对原有橘树进行高接换头改良品种，且新栽板栗20亩、枣树60亩、葡萄20亩，全村水果面积达400余亩。

种果用上有机肥，既培肥了地，又降低了成本，同时还提高了果品质,该村生产的水果在市场上成了抢手货,仅此一项全村人均增收300元。

问题:

1. 黄泥村人过去养猪为什么不成功?现在在村支书罗吉祥带领下养猪为什么能成功?

2. 黄泥村为什么能成为全县的"富裕村"?

第六章 家庭农场的经营管理

第一节 家庭农场的劳动合同管理

一、家庭农场的劳动关系管理

(一) 家庭农场的雇工

家庭农场的建立和发展是一个长期的过程,家庭农场的正常营运不仅需要雄厚的资金、适度的土地规模和优秀的经营人才,还需要大量的劳动力。据统计,2011年全国乡村人口数为65 656万人,但第一产业从业人员仅为26 594万人,占乡村人口数的40.5%[①]。非农人口的增加给土地流转带来可能,土地流转成了家庭农场规模扩大的条件。

一般情况下,具有一定规模的家庭农场都需要雇用一定量的常年农工和大量的短期农工,规模越大则雇用农工数量越多。农业部的一项统计显示,当前平均每个家庭农场有劳动力6.01人,其中,家庭成员4.33人,长期雇工1.68人。据对浙江省13市(县、区)136个家庭农场的典型调查,平均每个家庭农

---

① 国家统计局农村社会经济调查司.中国农村统计年鉴.北京:中国统计出版社,2012

场雇用常年农工4.72人、短期农工50.21人。家庭农场用工问题将成为影响家庭农场未来发展的一个重要因素。目前，家庭农场在用工方面主要存在以下问题。

1. 招工难，且来源不稳定

随着城镇化和工业化进程的加快，大量农村劳动力转移到城镇和企业，农业劳动力短缺问题越来越严重，导致家庭农场招工越来越困难。而且由于外出务工人员流动频繁，雇工群体不稳定性，无形中增加了家庭农场雇工成本。

2. 劳动力成本大幅度上涨

近年来，由于受物价上涨等因素的影响，家庭农场雇用工人的工资不断攀升。东部地区家庭农场雇用的短期女性老年劳动力的日工资在90~100元，短期男性老年劳动力的日工资在120~150元，长期雇用的人工月工资在2 500~3 000元。劳动力成本的大幅度提升，导致家庭农场的利润空间变小，影响了家庭农场效益的提高，也影响了家庭农场规模的扩张。

3. 雇工的素质较低

目前留守在广大农村的劳动力大多为老年人，因此，家庭农场在用工上已经没有可供选择的余地，只能雇用年迈体弱的老年劳动力。这些雇工大多受教育程度较低，接受农业新技术和新技能的能力比较薄弱，不利于家庭农场的发展。从理论上讲，可以用"机器换人"的办法解决家庭农场的用工问题，但现实条件尚未具备。据调查，目前，除经营水稻的家庭农场可全程采用机械化作业外，水果、蔬菜等生产生鲜产品的家庭农场普遍难以采用机械装备进行生产活动。若不能尽快提高农业机械化程度，家庭农场用工难的问题将会更加凸显。

4. 用工形式和劳动关系更为复杂

这主要表现为家庭农场用工形式和就业人员来源更为多样。家庭农场用工形式既包括全日制员工，也包括季节工、小时工等，就业人员除了当地农民，还包括相当部分实习学生、下岗再就业人员、退休返聘人员等。这些人员体现出更多的临时性、灵活性用工的特征。相当多的家庭农场聘用的人员大多为附近的农民。他们"穿起制服是农场工人，回家就当农民种地"，"闲时上班，忙时务农"，体现出较为明显的季节性用工特征。用工来源不同也使劳资关系更为复杂。这其中，既有属于《劳动法》和《劳动合同法》规范的劳动关系，也有暂时尚未明确适用《劳动法》和《劳动合同法》规范的其他雇佣关系。一旦发生劳资纠纷，处理起来难度将更大。

5. 工作和休息时间等劳动法规定不明确且执行比较随意

家庭农场主要从事农业生产活动，农业生产具有自身特性，工作时间非常灵活，工作时间和休息时间界限比较模糊。在播种收秋时节，更是加班加点，连日不休。对于家庭成员而言，灵活的工作时间毫无问题但对于雇工来讲，按照现有法律法规标准来看，员工超时劳动已经违反劳动法。劳动保护特别是女职工特殊保护规定落实较差，如女职工在经期、孕期、产期、哺乳期的劳动权益没有得到很好保护。

6. 社会保障问题比较突出

家庭农场用工形式和就业人员来源多样，雇用的长期工中农民有农村新型社会养老保险、新型农村合作医疗；部分实习学生没有保险，部分地区有实习保险；退休返聘人员已经享受城镇职工保险等，所以家庭农场的大多数都未参加养老、医疗和失业保险。但是，如果将家庭农场作为中小企业对待的话，社会保障体系的缺少，给家庭农场经营带来非常大的问题。

(二) 家庭农场雇工需要注意的问题

我国农村目前主要实行以家庭为单位的联产承包责任制，而且家庭农场中的农业劳动多以家庭的组织形式进行，国家对家庭内的劳动关系不予干预。但是，随着家庭农场生产规模的进一步扩大，可能就需要从外面雇工。扩大雇用劳动力过程中就涉及了《中华人民共和国劳动法》和《中华人民共和国劳动合同法》（以下简称《劳动法》和《劳动合同法》）的相关内容。首先，为了避免用工风险，毫无疑问要从雇工招聘上进行选择。农业生产的特点是经验占的比重比较大，因此，要选择有劳动经验的、年轻力壮、身体健康的劳动者。其次，作为家庭农场主，要特别注意劳动合同的签订和履行。当前不少农民拒绝签订书面劳动合同，也不愿意家庭农场主为自己上社会保险，他们说："保险对我们没用，多给点钱就行"。有的家庭农场为了规避风险，与雇工签署了《员工自愿不参保协议》。但是不签劳动合同、不上保险都是违法的，签署的《员工自愿不参保协议》也是无效的，所以必须了解和遵守以下《劳动法》和《劳动合同法》的相关内容。

1. 劳动者的权利与义务

《劳动法》第2条规定，劳动者享有平等就业权利、取得报酬的权利、获得劳动安全卫生保护的权利、提请劳动争议处理的权利以及法律规定的其他劳动权利。也就是说家庭农场主在雇用劳动者时必须为劳动者满足以上条件。

2. 劳动争议解决途径

《劳动法》第77条规定，用人单位和劳动者发生劳动争议，当事人可以依法申请调解、仲裁、提起诉讼，也可以协商解决。

3. 签订劳动合同

《劳动合同法》第 2 条规定，中华人民共和国境内的企业、个体经济组织、民办非企业单位等组织（以下称用人单位）与劳动者建立劳动关系，订立、履行、变更、解除或者终止劳动合同，适用本法。第 10 条规定，建立劳动关系，应当订立书面劳动合同。已建立劳动关系，未同时订立书面劳动合同的，应当自用工之日起 1 个月内订立书面劳动合同。用人单位与劳动者在用工前订立劳动合同的，劳动关系自用工之日起建立。

家庭农场内的劳动者不签订劳动合同，因此出现风险等法律后果只会转嫁给雇用工人的用人单位。也就是说，家庭农场如果与劳动者建立劳动关系，要符合劳动合同法的规定，务必签订劳动合同。

解除劳动合同也一样。《劳动法》第 37 条规定，劳动者提前 30 日以书面形式通知用人单位，可以解除劳动合同。劳动者在试用期内提前 3 日通知用人单位，可以解除劳动合同。劳动者本人也要遵守劳动合同的规定。

4. 经济补偿

有一些情况，比如用人单位与劳动者协商一致，并与之解除劳动合同的，还要给予劳动者经济补偿。经济补偿按劳动者在本单位工作的年限，每满 1 年支付 1 个月工资的标准向劳动者支付。6 个月以上不满 1 年的，按 1 年计算；不满 6 个月的，向劳动者支付半个月工资的经济补偿。

二、家庭农场涉及的合同法

家庭农场生产过程中会购买生产资料，在农产品成熟时还会与他人订立合同进行买卖，这就要求我们了解一些有关《中华人民共和国合同法》(以下简称《合同法》)的相关规定。

首先,合同订立时应遵循平等、公平、自愿的原则。《合同法》第3条至第8条规定,订立合同必须遵循双方地位平等原则、合同自由原则、公平规定权利与义务原则、诚实信用原则和依合同履行义务原则。同时,应具有订立合同的民事能力。《合同法》第9条规定,当事人订立合同时,应当具有相应的民事权利能力和民事行为能力。民事权利能力是指法律规定民事主体享有民事权利和承担民事义务的资格。公民的民事权利能力始于出生,也就是说我们每个人都具备民事权利能力。而公民的行为能力根据年龄和精神状况来决定。订立合同时,谨防由于合同一方的民事权利能力和民事行为能力的不完善而产生无效合同、可变更和可撤销合同,影响家庭农场的正常生产经营。

其次,合同的形式。《合同法》第10条规定,当事人订立合同,有书面形式、口头形式和其他形式。家庭农场经营者应该采用书面形式签订合同,这样可以避免日后产生一些纠纷、产生冲突时,书面合同可以作为证据和依据主张自己的合法权利。

最后,合同订立后,合同双方都有按时履行合同的义务,合同一方如有违约责任,合同双方可以通过和解或者调解解决合同争议。当事人不愿和解或者调解的可以向人民法院起诉。

第二节 家庭农场的融资管理

一、家庭农场融资优势

兴办一个家庭农场,由于经营规模较大,无论是大面积的农业生产所需要的种子、化肥、农药，还是灌溉、收割、运输、仓储，抑或是所需要雇用的农业劳动力，都需要大量的资金。农业生产周期较长，受市场价值规律的制约，有时农产品会供过于求，农产品价格过低导致农民亏本，无法再进行下一年的农产品投资。在自有资金无法满足生产经营需要的情况下，需要解决融资问题。融资问题是目前家庭农场的首要任务，也是制约家庭农场生产经营发展的瓶颈。

现今，我国家庭农场正处在发展的初期，家庭农场融资困境主要表现在两方面：一方面，自筹资金已很难满足发展需要，融资金额较大，需求量总体呈上升趋势，随着家庭农场经营规模的扩大，家庭农场主对信贷资金的需求力度也越来越大；另一方面，融资成本越来越高。风险管理不足、缺乏有效的抵押资产、期货市场发育不成熟、政府补贴资金不足以及政策没有得到有效的实施等导致农场主的融资成本越来越高。

但是，农场主个人作为融资主体相较于其他农业经营生产方式的融资主体有其特有的优势。首先，农场的经济效益与农场主密切相关，农场发展的好坏直接关系到农场主的利益。这种形式的融资主体积极性更强，对于融资的欲望更强；其次，家庭农场如同家族企业，具有传承性和延续性。经营良好的家庭农场传给下一代，会极大地减少他们的融资压力；最后，家庭农场有国家政策和相关机构的融资支持。

二、家庭农场融资方式

作为家庭农场主，可以通过如下3种方式进行融资，即国家财政资金、贷款和自筹。

（一）国家财政资金（政府资金投入）

国家近年来大力推广家庭农场，据农业部发布的《中国家庭农场2012年现状报告》显示："2012年，全国各类扶持家庭农场发展资金总额达到6.35亿元，其中，江苏省和贵州省超过1亿元。"我国各级政府对家庭农场投入了大量的资金，然而，这些资金投入相对于农场主对资金的需求还远远不够。此外，各地区资金投入差异较大，我国财政还没有为家庭农场设立专项发展资金。家庭农场建设初期，加大政府资金投入，确保财政补贴政策的有效实施能够帮助部分家庭农场摆脱融资难题。

（二）贷款（金融机构贷款）

家庭农场在创业初期，由于处于投资期而往往很难盈利，周转资金不足，很多农场主想到通过贷款的方式缓解经济困难。然而，我国普遍存在着"贷款难"的现象。由于银行业等金融机构实施较为严格的贷款抵押担保制度，农场主通常缺乏有效的抵押手段，作为固定资产——土地又是通过土地流转而得来的，缺乏抵押品的特征。因此，这种"贷款难"的现象需要政府、金融机构和农场主共同协调才能得以解决。贷款难题的解决将会大幅度地改善融资困境。

（三）自筹（民间资本参与）

随着家庭农场的逐步推广，资金难题完全依靠政府补助已不现实，大部分资金还需要农场主自我筹集。如今，国内家庭农场的基础设施投入近八成来自农场主的自有资金和民间借贷。多数家庭农场实行"两费自理"，两费指的是生产费用和生活费用。这种自给自足的经营模式给农场主们的融资施加了极大的压力。农场主的部分自有资金因用于租用土地，已不能满足基础设施的投入。又因为从金融机构难以取得贷款，农场主只能选择向周围的人借用资金而借用资金只能暂缓应对初期投资问题，对于真正解决融资问题作用很小①。民间资本参与的自筹形式是成本低、速度快的一种筹资方式。

三、家庭农场融资方式

（一）农场主加强与政府、金融机构三方协作

积极争取政府给予那些向农场主提供贷款的金融机构政策性补助，争取农村信用社对家庭农场的信贷支持；争取民间资本积极参与家庭农场建设，加大对农场的基础设施投入；积极了解金融机构的贷款限制，争取银行、信用社放宽对农场主的贷款限制，降低贷款利率，实行差异性贷款模式，对不同经营规模的农场主给予不同程度的贷款限额。也有一些地区，以"优惠贷款""专项资金""贴息贷款"的方式支持家庭农场发展，家庭农场主要通过各种信息渠道，力争获取这些政策性的资金扶持项目，减轻农场的融资压力。

（二）尝试新的融资担保服务

《中华人民共和国担保法》（以下简称《担保法》）第37条规定，农村宅基地、耕地的土地使用权不能抵押。但是，作为一般的家庭农场主，他向银行贷款融资所能作为抵押的一般都是自有的农村宅基地和耕地的土地使用权。这一规定严重地制约了家庭农场主的融资贷款，不少地区开始允许农场主用住房、农产品的收益权作为抵押品。对为了破除现行法律制度在农村产权抵押担保上的制约作用进行估计，国家层面可能对《中华人民共和国物权法》《担保法》等进行论证、修改，推动农村产权改革，取消或者适当放宽对农村承包经营用地、宅基地的

---

① 严琪，苏亚民.我国家庭农场融资机制研究.科技创业月刊，2014（2）

抵押限制，提高农村产权的流动性，建立农村产权市场，实现农村各类产权效用的最大化。在相关法律规定修改前，可以参考一些地区通过国务院批准试点的方式，探索破解农村产权抵押难题，以降低市场参与主体特别是银行面临的法律风险。例如，温州出台了《关于推进农村金融体制改革的实施意见》和《关于推进农房抵押贷款的实施办法》，使农村房屋抵押贷款有章可循。随后，又出台了《农村产权交易管理暂行办法》，规定12类农村产权可以进入市场交易：农村土地承包经营权；林地使用权、林木所有权和山林股权；水域、滩涂养殖权；农村集体资产所有权；农村集体经济组织股权；农村房屋所有权；农村集体经营性建设用地使用权；农业装备所有权（包括渔业船舶所有权）；活体畜禽所有权；农产品期权；农业类知识产权；其他依法可以交易的农村产权。

（三）联保贷款

农场主之间可以互相合作，实行联保贷款；农场主之间加强交流，家庭农场经营好的农场主可以为正遇到融资困境的农场主提供实践性经验。

第三节 家庭农场的风险控制

农业与工业不同，天然存在着风险高的特征。对于家庭农场而言，随着经营规模的扩大，风险也在相应扩大，因此必须有一个良好的风险控制体系，重点防控好自然风险、疫病风险、市场风险、制度风险和社会风险五大风险。

一、自然风险

农业区别于工业的最大风险是自然风险。农业是从自然界获取劳动成果,因此农业基本无法避免自然风险,只能通过避灾、救灾减少影响。比如,播种时的干旱少雨,如果没有灌溉,则可能无法播种而错过农时;再如,作物生长过程中的冰雹、旱涝、冷热灾害随时会发生,2013年春天的"倒春寒"使陕西苹果开花受冻严重,至少250万亩的苹果产量受到影响;另外,成熟季节的农作物,可能因为冰雹等突然的恶性自然灾害导致产量大幅损失甚至颗粒无收。国家的政策性农业保险制度已经对自然风险的防范提供了基本的保障,目前这一制度还在进一步完善,农场主要注意运用好这一政策。同时,还可以考虑农业商业保险。一些农业技术措施也可起到缓解作用,比如近年苹果产区发展较快的防雹网建设,虽一次性投入较大,但防范冰雹的能力明显提升。

二、动植物疫病风险

口蹄疫的暴发可能导致养殖场的偶蹄动物整体死亡或者被国家强制扑杀,对生猪、牛羊养殖威胁很大,必须以最严格的措施防范。至于一般的动物常见疫病,往往也会造成动物死亡或者商品性丧失。小麦、玉米的流行病害或容易暴发的虫灾,往往会导致产量极大的损失,近两年严重发生的小麦吸浆虫、玉米黏虫等,防控不及时,产量损失极大。在动植物疫病风险的防控上,主要是严格的技术管理和持之以恒的严密防控心态,一旦出现麻痹,往往付出惨痛代价。这两年讲的养殖企业"拼管理",其实主要是技术管理,疫病损失越少,养殖效益才能越好,就像足球场上比的是谁的失误少。

三、市场风险

不论工业还是农业均要面对市场风险,但农业的市场风险更残酷,这是由农产品的一些特殊属性决定的。由于农产品多为鲜活农产品,所以保质期十分短暂,必须在收获时节的极短时间内出售,否则可能腐烂变质,一文不值。即使那些保质期长的农产品与工业品的保质期相比,也是差距甚远。于是就形成了农产品常见的卖难问题,一到集中收获季节,往往量大价跌,供大于求,不仅效益下降,而且浪费惊人。应对市场风险,一方面,要重视农产品市场分析,避免陷入"丰收陷阱";另一方面,要加强生产的组织化程度,通过行业协会、订单农业、合作社联合等方式,稳定市场,畅通产后渠道,保障收益。

四、制度风险

制度风险是系统性的,家庭农场个体一般无法应对,常见的就是政策的变动。比如,在前些年政策还比较宽松的时候,畜牧养殖场可以建在基本农田上,当地的政府也是允许的,甚至还有鼓励政策,但随着国家土地政策日趋严厉,畜牧养殖场是不允许建立在基本农田上,已经建立的只有拆除,这个损失对养殖场显然是巨大的;再比如,一些地方为发展地方经济而鼓励的小型产业项目,承诺有优惠政策,也有订单保障,但往往随着地方领导变迁,可能人走政息,政策难以落实,订单更无从谈起,参与项目者损失惨重。应对制度风险,需要家庭农场的负责者重视地方产业政策的研究,摆正经营思想,科学选择产业,避免因一时投机取巧而付出沉痛代价。不过,正常的国家优惠政策是应该积极争取的,这是应得的国民待遇,不应拒之不理。

五、社会风险

这个风险过去叫农民的道德风险,是由于农民不懂不问、不遵不守市场经济规则而引发的,常见的是土地流转纠纷。对多数家庭农场而言,自有土地是少数,更多的土地靠流转,而经营农业的人都知道,土地经营权的长期稳定是投资农业的首要前提。在实际中,因为种种原因,农民突然违约强行收回流转土地的情形屡见不鲜,并引发严重的社会事件。最一般的结局往往是当地政府为维稳大局而对农民息事宁人,使规模经营者蒙受损失。更有严重的,农民在规模经营者经营状况明显改观之际,公然哄抢或破坏,更是法难责众。应对这一风险,要学会同农民打交道,多从农民的角度考虑问题,在长期的土地流转合同上要留给农民3~5年调整一次流转租金的机会,主动协调,避免被动;同时,要善于运用流出土地农民的剩余劳动力,给他们就业机会,重视社会沟通,减少抵制情绪;还要注意乡村党政力量的沟通,力求矛盾发生时的公正评判。

第四节 家庭农场的制度管理

一、内部规章制度的制定

古人云:"没有规矩,不成方圆。"规矩是人类生存与活动的前提与基础,人们总是要在规与矩所成形的范围内活动。世间万事万物都有规矩,小到日常生活,大到国家大事。家需要有家规、行需要有行规、国需要有国法。大到国家要制定法律法规,小到家庭农场也要制定的《守则》和《规范》。作为家庭农场,虽然有农场主的言传身教,有长期形成的家风家规,但是作为企业运营,就必须有合乎一个组织发展目标的规范,只有这样才能让家庭农场更好地发展与进步。

规章制度是管理的需要。规章制度一般是针对已经发生或容易发生的问题而制定的,这是管理实践的需要,而不是人的主观想象。没有控制的管理就不是管理,所以,管理要借助于制度来进行控制。家庭农场有了制度一定要按照制度执行,如果朝令夕改,或者制度仅仅针对某一个人或者几个人,就失去了制定制度的必要,而且将来再制定规章制度也没有人相信了。

家庭农场需要什么样的内部规章制度呢?一般需要《家庭农场员工规范》和《人事制度》,包括培训、入职、考勤、请假、工资保险福利等制度,也包括《财务制度》《车辆管理制度》《公章及合同管理规定》《办公用品领用制度》和《车费报销制度》等。按照农场发展的不同阶段,需视具体需要建立一些具体的制度。

二、家庭农场的发展规划

著名经济学家舒尔茨认为,同企业家一样,农民也是利润最大化的追求者。农民的行为选择,完全符合经济学的理性原则。农民"'首先是一个企业家,一个商人',……他购买自己能买得起的东西时非常注意不同市场上的价格,他认真地计算其生产用于销售或家庭消费的谷物时自己劳动的价值,并与受雇工作时的情况加以比较,然后根据计算与比较再行动。"[1] 他更激情地指出:传统农民缺乏的不是经济理性,而是廉价的有效投入。"一旦有了投资机会和有效的激励,农民将会点石成金。"所以,农民,尤其是家庭农场主从来就是企业家,具备企业家的精神。做好企业管理,当然要学会做计划。

美国著名管理学家哈罗德·孔茨说过:"计划工作是一座桥

---

[1] 西奥多·W. 舒尔茨. 改造传统农业. 北京:商务印书馆,1999

梁，它把我们所处的这岸和我们要去的对岸连接起来，以克服这一天堑。"建设家庭农场不是短期项目，需要做长期的规划，也需要将长期规划分解为各种短期的计划。作为一个家庭农场的管理者，要明白做计划工作是管理活动的桥梁，是组织、领导和控制等管理活动的基础。家庭农场生产经营、市场营销等所有活动均离不开计划。计划工作具有普遍性和秩序性，计划工作是所有管理人员的一种重要职能。对于发展中的家庭农场而言，制定一个富于理想而且可以实现的计划，不仅对家庭成员具有激励作用，也可提高雇员的士气。

做一份好的计划，需要有五项内容，人们称之为"5W1H"，包括做什么？（What 目标与内容）；为什么做？（Why 原因）；谁去做？（Who 人员）；何地做？（Where 地点）；何时做？（When 时间）；怎样做？（How 方式、手段）。

做一项计划的步骤有四部分，第一是确定目标；第二是认清现在，即环境研究（外部环境和内部环境的研究）；第三是研究过去，即过去决策可能带来的影响并发现其规律，然后是预测并有效地确定计划的重要前提条件；第四是拟订和选择可行的行动计划拟订备选方案、比较和评价备选方案、确定选择原则、选定满意或合理方案。

● 滚动计划法

关于如何做好计划，有目标管理法，有滚动计划法，也有网络计划法。这里主要介绍的滚动计划法，其基本思想是一种将短期计划、中期计划和长期计划有机地结合起来，根据计划的执行情况和环境的变化情况，定期修订未来计划并逐期向前推移的计划制定方法。

具体做法：在制定计划时，同时制定未来若干期的计划，计划内容近细远粗；在计划期的第一阶段完成以后，根据实际情况与计划进行比较并分析原因，然后修订计划使之向前滚动一个阶段；以后根据同样的原则逐期滚动。比如 2014 年，做 2015—2020 年的五年计划，当计划进行到 2015 年年底的时候，可以再做 2016—2021 年的五年计划。这样计划符合实际情况，使短期计划、中期计划和长期计划相互衔接，可根据变化及时调整，使各期计划基本一致，又大大增强了计划的弹性，提高了农场对环境的应变能力。

【经典案例】

山东潍坊人兴办莱州市曙光家庭农场

在山东省烟台市，刘举林是第一个拿到营业执照的"农场主"，他在 3 月中旬创办了自己的家庭农场——莱州市曙光家庭农场。

尽管已经租到了 1 440 亩土地和 420 亩水库，但家庭农场具体需要怎么规划和经营，他的心里也没底。

他是山东省烟台莱州市程郭镇前武官村的村民，也是当地人眼中一个"很有想法的'小诸葛'"。记者联系采访时，他正在海南旅游。按照计划，海南旅游结束后，他将直接坐飞机到青岛，向青岛已经略显成熟的农场借鉴经验。

"现在是我最闲的时候。"他说，"家庭农场的经营执照刚申办下来，已经请了规划局的专家做规划方案，等方案做好后，别说出来散心，就算应付其他的杂事，恐怕也很难抽出时间。"

申办家庭农场的营业执照并不复杂，但前提是必须已经租到了土地，且有足够有力的经营场所证明——土地租赁合同。

3 月 15 日上午，刘举林带着包括土地租赁合同在内的相关资料，来到程郭镇工商所提出注册家庭农场的想法，但工商所从来没有办理过这样的手续,"工商所的领导还请示了上级,得到的答复是'可以办'。"

当天下午,他就拿到了营业执照,农场的注册资金1 500万元是他做矿山生意攒下来的。

但直至拿到营业执照,刘举林租赁的1 440亩土地仍然在荒废着,只有水库里会放些鱼苗,尽管他拥有这些场地的使用权已有三年。

2010年,刘举林就将420亩的水库承包下来,"那时候水库都干了,里面没一点水,荒废挺可惜的。"他说,"我租下来以后,第一年,水库就有水了,总感觉冥冥之中需要我去做点什么。"

次年,他又开始大面积承包荒山和耕地。村里的耕地按照土壤的肥沃程度,分为四个等级,他租的这片耕地,就是最贫瘠的四等土地,这里不适合大面积种植粮食,因为得不到好的收成,"在肥沃的土地上,假如种植一种农作物能有1 000千克的收成,换到这片土地,最也只能收到三五百斤,除去成本,辛苦钱都不够。"

这里也没有像样的道路,农业机器无法进入,从耕种到收获,都要凭借自己的双手。"村民的地都不愿意种"他说。

刘举林跟村民签了30年的合同,一亩地一年需要付200元租金,每三年付一次,这是一笔不小的支出,每三年的租金要超过100万元。

土地依然荒芜,也只能荒芜,因为浅薄的土层太过贫瘠,"山上最薄的土壤厚度只有十几厘米",这是刘举林遭遇的第一个难题。

他不知道这些土地适合用来做些什么,唯一的办法就是让土地变得肥沃,这需要翻新土地和填土。

第六章 家庭农场的经营管理

有时候，刘举林会站在荒地上，指点着他未来的农场，"别看现在只有一片荒山，几年后，这些土地上就会成为有机果蔬的生产基地。"

他打算在这片土地上种植6~8种果树，种类不算多，但规模已不小，有机种植是他预想的目标，"蔬菜、水果是生活中不可缺少的东西，而且现在大家越来越重视生态环保和农产品的质量。"然后就是修路，路旁再种上风景树，水库和土地外围种上2万棵黑松。

这是他的初步构想，规划局的规划方案做出来之前，他不会"轻举妄动"，他说，"没有整体的计划，我不会盲目去做。"

当然，他也已经意识到，在未来五年之内，农场不可能为他带来多大收益，"等果树苗长成结果，也需要三五年时间。"他说。他只能把做矿山生意挣来的钱，不断投入到农场里。

一切都需要等规划方案出来，这是烟台市第一家家庭农场，没人知道具体该怎么做，也没有具体的指导政策，这是一个空白区。

可以预见的是，这一纸经营许可证，将为刘举林带来不少实惠，"有了这个营业执照，不但我经营农场的合法地位得到了确认，我还可以刻自己家庭农场的公章，在贷款、保险、签合同订单、注册商标等方面都能享受到更多的优惠政策。"他说。

尽管具体的优惠政策还没下来，但他已经得到地方政府的承诺，"他们都说了，有需要的地方，政府会给予支持。"工商部门近年来也出台了不少扶持中小企业和个体户发展的措施，在家庭农场这个问题上基本都能派上用场。

等到农场建成后，刘举林还打算成立一个研究所，用来研究其他成功的农副产品品牌，然后，用研究出来的成果，指导自己打造出一个新的品牌。

但在农场建成以前,他需要不断从别人那里吸取经验,"过几天去青岛考察,应该会有很多收获,那里有些农场已经发展成熟"。

——作者改写自:我国家庭农场发展情况调查探讨.中国行业研究网,2013-03-26

第五节 家庭农场的财务管理

一、家庭农场的账务处理

(一) 家庭农场会计核算的现状

家庭农场规模较大,一般可以达到获得社会平均利润的规模,大多有一定数量的雇工,甚至生产劳动以雇用劳动为主,在家庭组织形式的基础上也引入了现代契约制度等一些科学的组织方式,还需要采取现代会计核算等经营管理制度,提高经营的现代化水平。

规范的会计处理不仅可以使农场家庭更好地了解自身的生产经营状况,为其决策提供必要的依据,还可以为其他利益相关者提供必要的信息资料。家庭农场的会计处理应克服其限制因素,实现进一步规范化。

小规模农户的家庭组织基本上就是生产经营组织,因而一般没有核算等经营管理制度,经济核算全凭"盘算"或者简短的流水账,甚至连"盘算"或简单的流水账也没有。在中国,家庭农场尚在兴起阶段,相关的会计理论指导和规范尚未出台,实务处理也较为简单。首先,一些家庭农场未曾记录过生产经营活动,大部分家庭农场以收付实现制为基础进行单式记账,即每一项经济业务只在一个账户中记录,一般只登记现金的收付,而且在实际收到或支付款项时才确认收入或支出。流水账下,账户之间缺乏直接的联系,不能反映经济交易与事项的变动和账户的平衡关系。其次,农户通常根据个人习惯设置记账科目,有时同一要素在前后记录中所用科目也有偏差。而且农户通常只设置一级科目,如拖拉机、化肥等,不能分类反映会计要素增减变动情况及其结果。而在核算程序方面,农场的关注点在登记账簿上,几乎没有报告行为。农场主进行会计处理的目的在于核算当期的经营收入和利润,缺乏利用会计信息进行财务分析、科学决策的观念。会计处理规范性与效益增长的不匹配导致家庭农场在经营中存在着五个不确定:一是产量不确定;二是收入不确定;三是成本不确定;四是债权债务不确定;五是效益不确定。这些不确定导致我国农民收入提高慢,甚至不愿种田,以致农业发展后劲不足的局面[1]。

从外部因素看,一方面,农场家庭完全占有其经营成果,不受信息披露的强制要求,外部监督的缺失进一步导致会计处理规范性的匮乏。另一方面,相当多的农场主认为其生产规模小,经营项目少,会计对其生产经营没有意义。当然,随着规模的扩大和效益的提高,有些农场意识到会计的重要性,但家庭农场经营者的文化素质较低,缺乏会计知识和相关培训,不具备按照现行企业会计准则等规范进行精确处理的条件,只能对农业活动中的各种耗费和收益进行流水账式的记录和反映。

(二) 家庭农场会计处理

家庭农场介于传统农户和家庭农场之间的特殊性质决定了

---

[1] 孙梦琪.家庭农场会计处理适度规范的研究.财务监督,2013(5)

其会计处理应在规范化和可操作性上寻求平衡。相较于小农户，家庭农场规模更为庞大，业务更加复杂，管理更为重要，不记账或者流水账难以提供正确的信息。但是，我国人多地少，农业的整体生产力水平还比较落后，加上土地流转制度不完善和限制工商资本进入的政策导向，家庭农场的规模不是很大，发展进程较慢，短期发展方向也并非如美国等高速发展的农场之真正企业化。如果要求家庭农场依照家庭农场在《企业会计准则》《家庭农场会计制度》《家庭农场会计处理办法》等体系下进行核算，设置近百个会计科目，按照生物资产的类型和阶段精细计量，一方面，不符合成本效益原则；另一方面，即使是专业会计人员也难以掌握，家庭农场所拥有的会计知识几乎不可能实现高度正规化。再加上家庭农场仍处于起步阶段，缺乏清晰定义，各地的试点工作也还在进行中。因此，家庭农场的会计处理须从其实际情况出发，有一个循序渐进的过程，既要反映农户经济活动内容，满足自身经济管理的需要，又要从通俗易懂、简便易行出发，即适度规范、灵活多样。

为规范家庭农场会计核算，提高家庭农场会计信息质量，根据《中华人民共和国会计法》《企业财务会计报告条例》《企业会计制度》以及国家有关法律、法规，结合家庭农场的实际情况，制定了《家庭农场会计核算办法——生物资产和农产品》和《家庭农场会计核算办法——社会性收支》，并于2005年1月1日起在已执行《企业会计制度》的各家庭农场执行。家庭农场在执行《企业会计制度》和本办法时，不再执行1993年颁布的《家庭农场会计制度》。

第六章　家庭农场的经营管理

1. 现行家庭农场核算模式[①]

(1)"应收家庭农场款""应付家庭农场款""待转家庭农场款"核算模式。根据《家庭农场会计核算办法》规定,对家庭农场核算应设置"应收家庭农场款""待转家庭农场款""应付家庭农场款"3个总账科目。在总账科目下再按照各单位的实际情况设置二级明细账户及相关的辅助核算。

在该种模式下,"应收家庭农场款"科目下通常设置以下3个科目:"应收土地承包费""应收垫支成本""应收借款"。"应收土地承包费"主要反映团场向承包职工收取的土地承包费;"应收垫支成本"反映团场向家庭农场有偿提供生产资料、生产技术服务、劳力、机力服务等收取的费用。"应收借款"主要用于团场与家庭农场发生的资金"借贷"关系。

"应付家庭农场款"科目主要反映家庭农场上交产品款以及预交的"五保三费"、土地承包费、生产资料款和交售的产品款等。每年期末,通过转账方式,将应收家庭农场款的年末借方余额与"应付家庭农场款"贷方余额相抵,如果是贷方余额则表示应付家庭农场的兑现款。兑现后"应收家庭农场款""应付家庭农场款"余额均为零。如果是借方余额,则表示家庭农场经营亏损,在"应收家庭农场款"借方余额反映。

"待转家庭农场上交款"科目专门核算家庭农场"土地承包费"的应收及回收情况,以及企业待结转的应收家庭农场的上缴利润、管理费、福利费及劳动保护费。

(2)"家庭农场往来"模式。在日常核算中,为避免一个家庭农场既有应收又有应付账户,为简化核算,部分团场未使

[①] 王宏发.家庭农场核算模式及方法.新疆农垦经济,2009(10)

用"应收家庭农场款""待转家庭农场款""应付家庭农场款"科目来核算家庭农场的往来,只设置了"家庭农场往来"科目,科目的借方放映应收家庭农场的款项,科目贷方反映应付家庭农场的款项,年末按余额方向归类,分别列入资产负债表的相应项。

2. 两种核算模式的优缺点

利用模式一核算家庭农场往来,一户家庭农场既有应收又有应付账户,核算比较烦琐,但可以清晰反映家庭农场往来的各项内容,方便提取数据和查账;利用模式二核算家庭农场往来,在一定程度上避免一户家庭农场既有应收又有应付账户,简化核算。但是,由于所有的家庭农场往来的经济业务全部集中到一个会计科目中,加之一个生产周期内团场与家庭农场往来发生频繁,在很大程度上给数据查询、生成报表带来了一定的困难。这种核算模式比较适合往来业务较少的农场进行核算。

3. 完善家庭农场会计科目的核算内容

在我国还是以上述模式一为主进行家庭农场的会计核算。从完整反映会计信息的角度考虑,这3个会计科目核算的内容必须作如下调整。

"应收家庭农场款"必须进行三级核算,即在总账科目下按费用项目设置二级科目,再按家庭农场的名称设置明细科目,即设置应收固定上交款、应收投资性借款、应收扶贫性借款、应收垫付款、坏账准备等二级科目。其中,应收固定上交款核算应上交的利润、管理费用等项目,对家庭农场来说,固定上交款都是费用支出,不需细分项目列支。该科目的余额在借方,表示应收未收的"固定上交款",应与待转家庭农场上交款科目贷方余额相等;应收投资性借款核算家庭农场向家庭农场提供生产性设备或物资，家庭农场以产品或现金分期偿还的借款。该科目的余额在借方，表示未到期的投资性借款和到期未偿还的借款，且到期未偿还的借款应按一定比例提取坏账准备。应收扶贫性借款核算家庭农场向家庭农场提供的扶贫性借款，核算方法与投资性借款类似；应收垫付款核算企业先行提供生产物资、劳务或借给生产经营用现金，或统一代付应由家庭农场个人承担的社会保障费、保险费等，该科目的余额在借方，表示应收未收垫付款项，应按一定的比例提取坏账准备。年末对应收家庭农场款提取坏账准备，不同款项应按不同比例，且比例应高于应收账款的坏账准备计提比例。

"应付家庭农场款"的贷方核算家庭农场当年上交产品、现金或结转劳务收入在全部偿还当年应偿还的应收家庭农场款后的余额，借方核算家庭农场领取分配款或用于转账支付生产费用、偿还借款、上交固定款项等内容，余额为当年未兑现的分配款或是留存的下年度生产流动资金或储备资金。

"待转家庭农场上交款"专门核算家庭农场"固定上交款"，贷方发生额反映当年应收"固定上交款"总额，借方发生额反映当年实际收到本年度和以前年度的固定上交款的数额。年末贷方余额表示应收未收的固定上交款，应与"应收家庭农场款——应收固定上交款"借方余额相等，本户不允许出现借方余额。

二、家庭农场的税务

《中共中央国务院关于加快发展现代农业　进一步增强农村发展活力的若干意见》（2013年中央"一号"文件）明确鼓励和支持承包土地向专业大户、家庭农场、农民专业合作社流转。发展家庭农场是提高农业集约化经营水平的重要途径。从生产实践看,家庭农场既坚持了以农户为主的农业生产经营特性,又扩大了经营规模,解决了家庭经营低、小、散问题,通过适度规模经营,以集约化、商品化促进农业增效、农民增收。

现行税收政策中,没有明确的针对家庭农场的税收规定,主要适用的是对种植业、养殖业等行业的税收规定,家庭农场涉及的税收均为免征或不征。但家庭农场的房产及花卉盆景等对外出租取得的营业收入、家庭农场所从事的餐饮服务取得的收入以及为其他单位绿化维护等工程取得的收入均要缴纳相关税收[1]。

(一) 货物劳务税

《增值税暂行条例》及其实施细则规定:"农业生产者销售的自产农业产品"属免征项目,具体指直接从事种植业、养殖业、林业、牧业、水产业的单位和个人生产销售自产的初级农业产品。

《营业税暂行条例》规定,农业机耕、排灌、病虫害防治、植保、农牧保险以及相关技术培训业务,家禽、水生动物的配种和疾病防治项目免征营业税。

《财政部国家税务总局关于对若干项目免征营业税的通知》(财税字〔1994〕2号)和《国家税务总局关于农业土地出租征税问题的批复》(国税函〔1998〕82号)等文件规定,对农村、农场和农民个人将土地使用权转让给农业生产者用于农业生产,或将土地承包给个人或公司用于农业生产,收取固定租金,免征营业税、城建税、教育费附加和地方教育附加。

---

[1] 周仕雅,林森.家庭农场涉税问题研究.税收经济研究,2013 (5)

（二）所得税

《财政部国家税务总局关于农村税费改革试点地区有关个人所得税问题的通知》（财税〔2004〕30号）、《财政部国家税务总局关于个人独资企业和个人合伙企业投资者取得种植业养殖业饲养业捕捞业所得有关个人所得税问题的批复》（财税〔2010〕96号）等文件规定，个体工商户、个人独资企业、个人合伙企业或个人从事种植业、养殖业、饲养业、捕捞业，其投资者取得的"四业"所得暂不征收个人所得税；《企业所得税法》第27条和《企业所得税法实施条例》第86条规定，企业从事农、林、牧、渔业项目的所得，可以免征、减征企业所得税。

（三）财产行为税

《中华人民共和国城镇土地使用税暂行条例》和《财政部国家税务总局关于房产税城镇土地使用税有关政策的通知》（财税〔2006〕186号）规定，直接用于农、林、牧、渔业的生产用地免缴城镇土地使用税。在城镇土地使用税征收范围内经营采摘、观光农业的单位和个人，其直接用于采摘、观光的种植、养殖、饲养的土地，免征城镇土地使用税。

《车船税暂行条例》规定，拖拉机、捕捞（养殖）渔船免征车船税。

《财政部国家税务总局关于农用三轮车免征车辆购置税的通知》（财税〔2004〕66号）规定，对农用三轮车免征车辆购置税。

《契税暂行条例实施细则》规定，纳税人承包荒山、荒沟、荒丘、荒滩土地使用权，用于农、林、牧、渔业生产的，免征契税。

《印花税暂行条例施行细则》第 13 条规定,对国家指定的收购部门与村民委员会、农民个人书立的农副产品收购合同免纳印花税。

三、家庭农场的利润分配和扩大再生产

分配是最敏感的环节,也是决定合作社成败的关键因素,因此这里主要讲家庭农场的分配。

家庭农场要承担生活费用和生产费用两方面的开支。家庭农场作为一个独立生产经营单位,有着两种功能,即生产和生活。因此,家庭农场的收入要用在两个方面,即生活费用和生产费用。

在保证生产逐年稳定提高的前提下,家庭农场应尽快达到生产费用自理,同时要达到设备自筹、房屋自建,形成完整的生产能力,不断提高家庭农场的收入水平。因此,家庭农场的收入中,只有生活费用才与传统概念的家庭收入有可比性,也只有这部分收入才能算作个人所得。因此,应该区分生产费用和生活费用。

家庭农场所得收入,是土地资源、设备及人力很好结合起来生产的财富,因此,家庭农场的收入不能完全认为是个人劳动所得的收入,应该去除维持土地生产能力所必需的费用、维持经营者必要的生活费用以及农场发展所需的资金。在减去以上各项费用后,所余下的生活费用代表着家庭成员的富裕程度,这部分资金供家庭成员自由支配,是农场取得的净收益。

第六节 家庭农场产品的分级、包装和发货

一、分级和包装

对已经建立农产品可追溯体系的产品，第一种是直接对农产品进行分级，第二种情况是对存储在冷库内储存箱中的农产品进行分级。无论哪一种分级，都必须对不同地块或大棚的农产品分别进行分级，以免混淆。

分级包装完成后，农产品的可追溯码后面就增加了有关加工信息的代码，即加工代码。加工代码由3段组成：①代码名称，这里用JG，即"加工"拼音的第一个字母；②批次，即当日加工的批次，建议用4位阿拉伯数字；③加工日期。如果是2010年10月30日加工的第10批次的农产品，可以写成：JG 0010 10 10 30。生产代码加上加工代码，就成为完整的农产品可追溯代码。加工代码可以用粘贴纸贴在装货的纸箱外（筐上挂标签），完成后需要立即登记。

二、发货

家庭农场接到超市、酒店、经销商的订单后，需要准备发货。与农产品可追溯体系有关的发货工作有两部分，一是在包装箱或者装货筐上面贴上农产品可追溯条码，二是把农产品可追溯相关的信息传送给超市。

在准备发货的同时，家庭农场需要把登记的发货信息发送给超市的物流配送中心。相关的信息填在表格内，以传真或其他方式发送给超市。表格的设计可以参考表6-1。

表6-1 家庭农场的信息表

批次	品名	等级	规格	可追溯编码	箱筐数（只）	总重（千克）	备注
1							
2							
3							
4							
合计							

三、配送

家庭农场的加工车间到超市的物流配送中心之间的距离，需要通过长途货运来解决。最好的方案是合作社有自己的货运卡车。在起步阶段，一般的合作社不太可能有足够的经济实力来购置货运卡车，主要还得依靠专业的物流公司。

需要注意的是，同普通的农产品相比较，建立可追溯体系的农产品在生产过程中往往投入的人力和物力大、成本高。为了避免运输过程中无谓损耗和意外状况，影响农产品的质量，家庭农场应该尽可能寻找注册资本大、信用度高、运输经验丰富的物流公司。

在农产品装车的时候，需要把同一个可追溯编号的农产品集中在一起，以便于在卸货的时候也可以集中，减少采购商挑选货物的时间。因为超市、采购商需要给农产品做小包装，并在包装上打上可追溯编码，以便顾客查询。

家庭农场需要准备两份货物清单，一份由货运卡车驾驶员转交给超市物流配送中心的收货员，另一份贴在开门即可见到的货物纸箱上，这份清单将跟随货物，直接张贴在库房货堆上，提供给开箱分装人员使用。货物清单的格式与表6-1基本相同。

四、交付

货物交付装货卡车到达超市、采购商的物流配送中心后,由驾驶员把《订单确认表》、《装货确认表》以及上文提到的货物清单交给物流配送中心的收货员,然后收货人员验收货物。收货员在收货单上签字以后,整个从田头到市场物流配送的农产品可追溯体系程序宣告完成。

【经典案例】

廊下草莓有了"身份证"

上海市金山区果园引进可追溯系统,廊下草莓有了自己的"身份证"。近日,在金山区廊下镇的金果果蔬种植专业合作社,记者拿起手机,扫描其中一个草莓包装盒上的二维码,通过网上的上海市农产品可追溯平台,可以轻松查到"JG00321-121号棚(连栋棚)""农户邵彬(联系电话)""金果果蔬种植专业合作社"等农产品相关信息。

邵彬是这家果蔬种植专业合作社的负责人,他说,"统一的二维码可追溯系统,能让消费者吃到放心安全的农产品。"据介绍,前几年该专业合作社的草莓已通过农产品的无公害和绿色认证。这次由政府牵头的草莓可追溯平台建设是该合作社草莓标准化技术生产的延续和升级。

由于金果果蔬种植专业合作社栽种的草莓严格按照标准化技术生产,生产的草莓鲜美红嫩、质量有保证,所以,每千克售价80元左右,还供不应求。据统计,2013年金果果蔬种植专业合作社销售收入达150万元;仅2014年春节期间,农产品销售收入就达3.5万元。他们的"鑫品美"品牌也成为金山区草莓品牌整合的一块"金字招牌"。

目前,金果果蔬种植专业合作社种植着红颜、章姬、枥乙女等多个草莓品种。和以往靠外地育苗不同的是,2014年他们已开始自己小规模育苗了,他们说将来还会继续扩大育苗规模。技术人员还说,这里的草莓品种目前还都是"舶来品"。时下,自主研发新的草莓品种,逐渐成为市场所需。未来合作社的草莓品种,他们打算自己组培。

沿着种植基地里的一条400米的主干道前行,两旁大棚栽种的各个品类的草莓,正一茬接一茬的生长。现在,这里一共有100多个连栋大棚和1个草莓采摘玻璃温室。草莓采摘玻璃温室内,立架栽培草莓和盆栽草莓不仅供观赏,采下来的草莓还能直接品尝。"盆栽草莓也能自己带回去欣赏,一盆20元。"这里的工作人员说。

位于基地西侧是标准化水产养殖场,养殖特色鱼类、小龙虾等,鱼塘周围的小木屋目前已基本建成,游客可在小木屋旁垂钓休闲。"周末来这里玩的人很多,"邵彬告诉记者,游客不仅能在这里吃草莓、买草莓,还能休闲疗养、放松自我。

——上海市人民政府网,2014-02-18

第七节 家庭农场的认证管理

家庭农场保证农产品生产质量,不仅可以促进农场增效、家庭增收,而且有助于自身的可持续发展。家庭农场具有提高农产品质量安全的经济动力,也具有提升农产品质量的条件。

农产品"三品一标"认证是农产品标准化、家庭农场进行绿色管理和绿色营销的重要措施。"三品一标"认证是指无公害农产品、绿色食品、有机农产品和农产品地理标志。通俗一点说就是，农产品地理标志主要说明农产品来源于特定地域。无公害农产品、绿色食品、有机食品都是经质量认证的安全食品；无公害农产品是绿色食品和有机食品发展的基础，绿色食品和有机食品是在无公害农产品基础上的进一步提高；无公害农产品、绿色食品、有机食品都注重生产过程的管理，无公害农产品和绿色食品侧重对影响产品质量因素的控制，有机食品侧重对影响环境质量因素的控制。

一、农产品地理标志

农产品地理标志，是指标示农产品来源于特定地域，产品品质和相关特征主要取决于自然生态环境和历史人文因素，并以地域名称冠名的特有农产品标志。此处所称的农产品是指来源于农业的初级产品，即在农业活动中获得的植物、动物、微生物及其产品。地理标志，就像是涪陵榨菜、金华火腿、奉节脐橙一样，一看到农产品让人想到某一具体的生产地区，这一地区决定了产自该地的产品所具有一些风味独特、广受欢迎的特质。

农产品的品质和声誉来自该地。这些品质是由产地决定的，因此，产品与原产地之间存在一种特有的规定"联系"。因为家庭农场一般是生产食品的初级产品，所以可以获得农产品的地理标志。

根据我国《农产品地理标志管理办法》规定，如果家庭农场想要获得农产品地理标志，应该去省级人民政府农业行政主管部门进行登记申请。

消费者把地理标志理解为代表产品原产地和品质的标记。许多地理标志已获得了富有价值的声誉。如果不对其加以适当保护，那么从事不正当商业行为的人就可能从中进行鱼目混珠。

未经授权的当事方以虚假方式使用地理标志的行为会损害消费者和合法生产者。消费者会受到蒙骗，误以为他们所购买的是具有特殊品质和特点的真货，而实际上他们所购买的是一种毫无价值的赝品。合法生产者也会蒙受损失，因为别人抢走了他们有价值的生意，同时也损害了其已得到公认的产品声誉。

商标是企业为使其商品和服务有别于其他企业所使用的一种标识。商标注册人具有排除他人使用该商标的权利。而地理标志则是告诉消费者一件产品是在某地生产并具备某些与该生产地有关的特性。在地理标志所指的地方生产其产品，并且其产品共有特殊品质的所有生产者均可使用这一地理标志。地理商标一般在一定的地区内生产特色农产品的商户都可以使用。

二、无公害农产品认证

家庭农场在交易活动中，产品质量是关键。但要保证农产品的质量，就应对农产品的生产和流通制定相应的种植标准和操作规范，形成一整套农产品标准体系作为农产品流通的"通行证"。这样既可以减少交易环节，还可建立追溯体系，保障农产品的质量安全。可是，目前由于受农产品的品种繁多、生产分散和技术落后等因素的影响，我国农产品还没有形成完善的标准体系，直接影响农场的市场开拓。

无公害农产品与绿色产品和生态产品相比，是最低的一个等级认证，但也是农产品质量安全管理的重要内容。无公害食品是按照相应生产技术标准生产的、符合通用卫生标准、并经有关部门认定的安全食品。严格来讲，无公害是食品的一种基本要求，普通食品都应达到这一要求。其中的农药残留、重金属、亚硝酸盐等有害物质的含量都应控制在国家允许的范围内，人们食用后才不会对健康造成危害。家庭农场按照无公害农产品生产质量控制措施，从组织领导、技术措施、投入品管理、产地保护和产品检测等多个方面，严格按无公害农产品技术规程进行操作，使产地环境和产品达到了真正意义上的无公害农产品，这是家庭农场开始进行绿色管理和绿色营销的起步条件。

农产品质量认证始于 20 世纪初美国开展的农作物种子认证，并以有机食品认证为代表。到 20 世纪中叶，随着食品生产传统方式的逐步退出和工业化比重的增加、国际贸易的日益发展以及食品安全风险程度的增加，许多国家引入"从农田到餐桌"的过程管理理念，把农产品认证作为确保农产品质量安全和同时能降低政府管理成本的有效政策措施。于是，出现了 HACCP（食品安全管理体系）、GMP（良好生产规范）、欧洲 EurepGAP、澳大利亚 SQF、加拿大 On-Farm 等体系认证以及日本 JAS 认证、韩国环境农产品认证、法国农产品标识制度、英国的小红拖拉机标志认证等多种农产品认证形式。我国农产品认证始于 20 世纪 90 年代初农业部实施的绿色食品认证。2001 年，在中央提出发展高产、优质、高效、生态、安全农业的背景下，农业部提出了无公害农产品的概念，并组织实施"无公害食品行动计划"，各地自行制定标准开展了当地的无公害农产品认证。在此基础上，2003 年，实现了"统一标准、统一标志、统一程序、统一管理、统一监督"的全国统一的无公害农产品认证。20世纪90年代后期，国内一些机构引入国外有机食品标准，实施了有机食品认证。有机食品认证是农产品质量安全认证的一个组成部分。另外，我国还在种植业产品生产中推行GAP（良好农业操作规范），在畜牧业产品、水产品生产加工中实施HACCP食品安全管理体系认证。

通过无公害农产品认证，采取产地认定与产品认证相结合的模式，运用了"从农田到餐桌"全过程管理的指导思想，强调以生产过程控制为重点、以产品管理为主线、以市场准入为切入点，一方面保证百姓日常生活中离不开的"菜篮子"和"米袋子"产品的消费安全，另一方面，由于这个认证推行"标准化生产、投入品监管、关键点控制、安全性保障"的技术制度，从产地环境、生产过程和产品质量3个重点环节控制危害因素含量，保障农产品的质量安全，促进农产品质量提升，能够获得购买方的青睐和价格方面的优惠。

要想获得无公害农产品认证，家庭农场应该作为申请主体，具备国家相关法律法规规定的资质条件，具有组织管理无公害农产品生产和承担责任追溯的能力。申请人可以直接向所在县级农产品质量安全工作机构提出无公害农产品产地认定和产品认证一体化申请。

【经典案例】

河南省焦作市民办家庭农场　种植绿色无公害农作物

河南省焦作市民申芳流转500亩土地办家庭农场，种植绿色无公害农作物、养土鸡，还引进了大批改善生态环境的稀有树种。一年前，申芳还是一个企业的职工，在城市中过着安定的生活。

2013年春节,开办企业的父亲给了34岁的申芳1 000万元,让她彻底改善一下自己的生活。拿到1 000万元后,申芳的心"嘣嘣"跳了多日。这么多钱该咋花?后来申芳与丈夫商量,提出想回老家承包一块地,种些绿色无公害农作物。对于她的这一想法,丈夫非常支持。

春节过后,申芳两口带着儿子,回到老家武陟县嘉应观乡西营村流转了500亩地,办起了家庭农场。看着500亩土地,申芳就琢磨,能吃得到无公害绿色农作物产品的毕竟只是少数人,而种树能净化空气,改善生态环境,让更多的人受益。主意已定,申芳开始在网上查阅对环境改造作用最有益的树种。"红豆杉能够常年强力'吸尘',更利于减少PM2.5。"了解到红豆杉对环境的重大价值,今年春季,她投资100万元,引进了5万株红豆杉幼苗。

此外,她还引进了香樟树、白皮松、美国蓝杉等树种。"如果这些树种能移植成活,将会使这里的生态环境得到明显改观。"申芳说。

——作者改编自:河南日报,2013-12-20

三、绿色农产品认证

绿色食品,是指遵循可持续发展原则,按照特定生产方式生产,经专门机构认定,许可使用绿色食品标志,无污染的安全、优质、营养类食品。

家庭农场应该在生产、加工过程中按照绿色食品的标准,禁用或限制使用化学合成的农药、肥料、添加剂等生产资料及其他可能对人体健康和生态环境产生危害的物质,并实施"从农田到餐桌"全程质量控制,"安全、优质、营养"的理念,体现的是绿色食品的质量特性。这不仅是获取高端市场订单的敲门砖，而且也是获得可持续经营的主要条件。

绿色食品标志是中国绿色食品发展中心在国家工商行政管理总局商标局注册的证明商标。受《中华人民共和国商标法》保护，中国绿色食品发展中心作为商标注册人享有专用权，包括独占权、转让权、许可权和继承权。未经注册人许可，任何单位和个人不得使用。

绿色食品分为A级和AA级，AA级绿色食品与有机食品遵守相同的原则和标准。自然资源和生态环境是食品生产的基本条件，由于与生命、资源、环境相关的事物通常冠之以"绿色"，为了突出这类食品出自良好的生态环境，并能给人们带来旺盛的生命活力，因此将其定名为"绿色食品"。

无污染、安全、优质、营养是绿色食品的特征。无污染是指在绿色食品生产、加工过程中，通过严密监测、控制，防范农药残留、放射性物质、重金属、有害细菌等对食品生产各个环节的污染，以确保绿色食品产品的洁净。绿色食品的优质特性不仅包括产品的外表包装水平高，而且还包括内在质量水准高。产品的内在质量又包括两方面：一是内在品质优良，二是营养价值和卫生安全指标高。

为了与普通食品区别开，绿色食品由统一的标志来标识。绿色食品标志由特定的图形来表示。绿色食品标志图形由三部分构成：上方的太阳、下方的叶片和蓓蕾，象征自然生态；颜色为绿色，象征着生命、农业、环保；标志图形为正圆形，意为保护、安全。整个图形描绘了一幅明媚阳光照耀下的和谐生机，告诉人们绿色食品是出自纯净、良好生态环境的安全、无污染食品，能给人们带来蓬勃的生命力。绿色食品标志还提醒人们要保护环境和防止污染，通过改善人与环境的关系，创造自然界新的和谐。

【经典案例】

吉松岭绿色有机食品的故事

经专家考证，南城子古城遗址是金代投下军州凤州城兵家之地，已有上千年历史。古城周围的草炭土据说是革料长时间的腐殖作用而成，其富含有机质和腐殖酸，对各种作物能长时间提供丰富的营养，并起到施肥、保温、疏松土壤的多重功效。这片肥沃的土壤在多处流淌的泉水浇灌下，长出口感好、营养丰富的农作物。

吉林省松原市长岭县前进乡农民企业家徐兴库巧妙借助当地生态优势，打造绿色有机食品生产基地，带领农民走上致富路。

现今已经过了而立之年的徐兴库，初中毕业后当过兵，开过炼钢厂，2004年接手父亲的砖厂。一路走来，虽体会到了创业的艰辛，他却把发展眼光盯在绿色有机食品上。由于土质特点，家乡的农产品远近闻名，尽管销路好，却没形成统一的规模，村民们难以卖上好的价钱。2011年，徐兴库在自己的承包地里试种了4公顷的有机小米，并获得了成功。2012年，在相关部门的帮助下，成功申报前进乡小米为"吉松岭"牌绿色小米商标，并通过了国家绿色食品发展中心认证。徐兴库利用这个有利时机,决心发展集生产、加工、销售为一体的绿色食品开发公司,积极发展特色农业。在他的努力下,吉松岭绿色有机食品开发有限公司诞生了。在公司倡导下,建立农户合作社的模式。2013年,30户农民的40多公顷耕地变成了公司的原粮基地,以省有机食品公司的技术为依托,农民完全按公司提供的种子、肥料、技术进行科学种植,这样既保证了公司的原粮供应,又增加了农民的收入,成了远近闻名的绿色有机食品。

——作者改编自:吉松岭绿色有机食品,http://blog.sina.com.cn/u/3290951207

四、有机食品认证

食品安全等级最高的是有机食品,如有可能,家庭农场应该拥有有机食品的认证。在消费者追求食品安全的今天,这无异于拿到了进入高端市场、制定高价格的"市场入场券"。

有机食品是指来自于有机农业生产体系的食品,有机农业是指在生产过程中不使用人工合成的肥料、农药、生长调节剂和饲料添加剂的可持续发展的农业,它强调加强自然生命的良性循环和生物多样性。

为促进食品安全,保障人体健康,防止农药、化肥等化学物质对环境的污染和破坏,由通过资格认可的注册有机食品认证机构依据有机食品认证技术准则、有机农业生产技术操作规程,对申请的农产品及其加工产品实施规定程序的系统评估,并颁发证书,该过程称为有机食品认证。认证以规范化的检查为基础,包括实地检查、可追溯体系和质量保证体系的实施。

食品认证机构通过认证证明该食品的生产、加工、贮存、运输和销售点等环节均符合有机食品的标准。有机食品认证范围包括种植、养殖和加工的全过程。有机食品认证的一般程序包括：生产者向认证机构提出申请和提交符合有机生产加工的证明材料，认证机构对材料进行评审、现场检查后批准。中国现在生产的有机食品大部分出口。有意从事有机食品生产、加工及认证的企业可以咨询中华人民共和国辽宁出入境检验检疫局植检处（大连）、中国质量认证中心（简称CQC，各省、市、区认证分中心）、国家环保总局有机食品发展中心（南京）或农业部中绿华夏有机食品发展中心（简称COFCC，北京）。

【经典案例】

有机蔬菜价格为何高，宁波七禾有机老总告诉你

"500克小青菜要30元，500克白萝卜要30元，500克芹菜要30元，500克草莓要60元……"，"就算是真的有机蔬菜水果，要这么贵？""比菜市场要贵5~8倍，他们的网站上还显示库存不足。"有市民纷纷来电对浙江省宁波七禾有机的食品价格产生怀疑，同时也有不少人表示几十元500克青菜的确让他们望而生畏。有机食品价格为何这么高？究竟是摆"噱头"还是真的物有所值呢？近日，本报记者专程走访了宁波七禾有机农场。

● 有机农业种植每亩地多花5万元

七禾农场总经理章武军向记者介绍，有机农业种植对生长环境的要求非常高，空气、水、土壤、植物和动物缺一不可，不但需要纯净的空气，而且必须保证清澈的水源和无污染的土壤，并坚持在生产过程中采用纯人工操作。当初为了种出纯正的有机作物，农场里的土壤全部深耕了60厘米并将35~45厘米的深度硬质层打破，使残留在土壤中的农药、化学药物随着雨水快速排出；之后，他们又斥巨资从舟山群岛购买了100多吨的贝壳，并将这些贝壳深埋在土壤之下，这样既能有利于排水又能让土壤吸收贝壳上的矿物质。为了使土壤更加肥沃，他们还在农场的泥土中添加了沸石、竹炭、竹缘、米糠、稻壳等纯天然物质。在不少田地附近，记者看到一个个10平方米左右的蓄水池，章经理告诉记者，为了保证农作物"喝"到最纯净的水源，蓄水池就是他们特别建立的一个标准的水循环滴灌系统，里面投入了沸石、竹炭对水质加以净化。他说，种植有机蔬菜水果，仅这几道工序，每亩地的成本就增加了5万元左右。

● 纯粹物理除虫手工除草

在农场里，记者看到不少农民都在地里埋头苦干，一位姓陈的大伯告诉记者，他们正在手工除草杀虫，已经忙活半天了。一般农场里用除草剂和化学杀虫剂，很快就能完工。但在这里，公司绝对不允许使用，有的时候整个一天时间却连一块地的活也干不完。

记者还发现这里的每个大棚都挂着黏虫板，大棚外面布置着各类杀虫灯。七禾农场的另一位负责人何经理向记者表示"种植有机蔬菜绝对不能使用化学药剂除草杀虫，只能依靠员工双手，即使遭遇大量虫灾侵害也仅仅使用辣椒水。这样一来，成本大幅度上升了，而且纯手工的效率往往比不上喷洒化学药剂，所以有机蔬菜水果卖相及不上普通作物，产量也有限，这肯定会影响企业的利润，但七禾有机倡导以人为本的管理理念，我们提供的不仅仅是真正天然无污染的健康蔬菜，而是对客户健康负责,更是对社会负责,不是一味地以盈利为目的。"七禾有机的章经理提起农场初创之时还心有余悸:"曾经真的遇到不少麻烦,2012年年初几十亩的日本品种哈密瓜全部种植失败,一下损失了200多万元,接着由于天热虫害加剧以致难以控制,农场蔬菜一下子少了几十种,不少会员因为可选择的菜品太少,连连投诉,七禾当时面临灭顶之灾。即使那种危急关头,我们的董事长夏红芳也斩钉截铁地表示绝不以次充好,坚决不用普通的蔬菜替代,确保我们的诚信度。最后我们的诚意和理念打动了客户,竟然没一人来退卡。接着,我们还成为宁波市第一家拿到南京国环有机产品认证中心颁发的有机转换产品认证证书的单位。"

- 可上网实时监控种植过程

记者还发现,农场菜地和暖棚附近装有好几个摄像头。"这些摄像头24小时实时监测蔬菜水果的种植过程,监控录像会直接传输到公司网站上,真金不怕火炼,会员和消费者可以登录我们的网站随时观察监督我们是不是使用化肥和农药。"章武军说。他还告诉记者,农场专门录用了4名大学毕业生,每天用ipad记录备案每批蔬菜的种植生长环节,农场出产的每包蔬菜上都有一个追溯条码,通过条码可以查到这包蔬菜从育苗到收获的全过程,内容具体到哪天育的苗,哪天移栽、开花、结果,中间用了哪些除虫措施等。"设置这些装备系统的确花了不少钱,但我们即使花再多的钱也要全过程透明,打消消费者的疑虑。七禾农场摄像头监控田间作业管理,网上同步直播,一方面是让网友来监督,一方面对企业自身也是一个鞭策,农场的大门也永远对市民开放,随时欢迎大家来参观。"董事长夏红芳表示。

章武军还向记者介绍,与普通蔬菜进入超市、菜场的销售方式不同，七禾农场的蔬菜采用全新的配送方式——"有机宅配"，即把产品直接配送到消费者家中，农场会根据顾客的订单在下午采摘、包装和配送，确保顾客收到的菜都是最新鲜的菜。所以物流成本相对较高。

"目前我们也销售一些散养的土鸡，这些鸡从小就生活在七禾农场里，平时都是用有机蔬菜、五谷杂粮和昆虫喂养，所以卖相特别好，肉质也特别鲜嫩，很受会员们喜爱，春节将至，销量十分好，常常是供不应求。"章经理说。

- 业内专家介绍：生产有机食品要比一般食品难得多

有机食品是一种国际通称，是从英文Organic Food直译过来的。这里所说的"有机"不是化学上的概念，而是指采取一种有机的耕作和加工方式。有机食品是指按照这种方式生产和加工的，产品符合国际或国家有机食品要求和标准，并通过国家认证机构认证的农副产品及其加工品，包括粮食、蔬菜、水果、奶制品、禽畜产品、蜂蜜、水产品、调料等。

据业内专家介绍，生产有机食品要比生产其他食品难得多，需要建立全新的生产体系和监控体系，一种完全不用化学合成的肥料、农药、生长调节剂、畜禽饲料添加剂等物质，也不使用基因工程生物及其产物的生产体系。

有机食品与国内其他优质食品最显著的差别是，前者在其生产和加工过程中绝对禁止使用农药、化肥、激素等人工合成物质，后者则允许有限制地使用这些物质。因此，有机食品的生产要比其他食品难得多，需要建立全新的生产系统，采用相应的替代技术。有机食品是一类真正源于自然、富营养、高品质的环保型安全食品。

思考题

1. 简述家庭农场雇工需要注意的问题。
2. 简述家庭农场融资方式。
3. 简述家庭农场产品的分级、包装和发货。

主要参考文献

［1］郭庆海.农业经济管理［M］.北京：中国农业出版社，2002.

［2］朱海涛.浙江省家庭农场发展对策研究［D］.浙江农林大学，2012.

［3］王建民，郭广政.制约家庭农场发展的因素及解决对策［N］，金融日报，2013.8.

［4］方志权.未来中国谁来种田，怎样种田［EB/OL］.中国乡村发现网，2014.2.10.

［5］钱视忠，等.培育新型农业经营主体开辟农民增收新渠道［J］.江苏农村经济，2012（10）.

［6］于传岗.关于中国式家庭农场界定标准的探析［J］.农业经济，2013（10）.

［7］朱顺富，吴正阳，董越勇，等.家庭农场创建与发展［M］.北京：中国农业科学技术出版社，2014.

［8］吉文林，金爱国，易仁森.开始你的农业创业［M］.北京：中国农业出版社，2010.

［9］杨鸣远.农业企业经营管理学［M］.北京：中国农业出版社，2002.

［10］王槐龙，张福如.家庭农场之路［M］.哈尔滨：黑龙江人民出版社，1986.